JN146971

しごとの現場と
しくみが
わかる
!

山中伊知郎 著

全国中学校進路指導・キャリア教育
連絡協議会推薦

ぺりかん社

この本でみなさんに伝えたいこと

　みなさん、「放送局」と聞くと、どんなイメージが浮かびますか？
　たくさんのタレントさんたちが出入りする華やかな場所を思い浮かべる人もいるでしょうし、さまざまなニュースを伝えるところと考える人もいるかもしれません。大きなビルの中で、多くの人が働いているイメージもあるかもしれませんし、外部からたくさんの人がやってくるイメージも強いかもしれません。
　とにかく、だれもが「放送局」という言葉を聞くだけで、何となく大まかなイメージは湧いてくるでしょう。放送局がテレビやラジオの番組を作り、世の中の人たちで、それをまったく見たり聴いたりしない人はほとんどないのですから。
　ところが、では、その放送局の中ではどんな人が働いていて、どう番組がつくられているの？とたずねられると、案外わからないものです。
　つまり、よく知っているくせに、あまり知らない世界、それが放送局なのです。
　この本では、放送局の中を歩きながら、いったいどんな人たちがここに出入りし、番組をつくったり、スポンサーを集めたりしているのかを追っていきます。
　テレビの画面には、出演するタレントさんたちしか映りません。しかし、その後ろで、何倍もの人たちが番組や、それを流すテレビ局を支えています。ぜひそこを知ってもらいたいと思います。

＊　＊　＊

日本でラジオ放送が始まったのが1925（大正14）年、テレビの方は1953（昭和28）年。ですから、放送局ができて80年あまりで、テレビ放送も、まだ60年足らずの歴史です。これを短いと感じるか、長いと感じるかは個人個人の感覚ですが、それだけの間に、とにかく放送業界ほど、つねにはげしい変動の波があったところはないでしょう。

たとえば、戦前は娯楽（ごらく）の中心であったラジオはテレビの台頭とともにその座を明け渡（わた）し、テレビの世界においても、白黒からカラーへ、地上波に加えて衛星放送も生まれ、CATV、いわゆる有線放送もさかんに行われるようになりました。

さらに時代は進み、2006年には携帯端末（けいたいたんまつ）向けのデジタル放送が始まり、2011年には一部地域を除き、アナログ放送が終了して地上デジタル放送に統一されました。

大きな変動を迎（むか）えるたびに、放送局は、その姿を、時代に合わせるように変えてきました。しかし、今回行われた地デジ統一ほど、はげしい変化は今後もないかもしれません。

インターネットの普及（ふきゅう）も合わせて、放送は、たんなる送り手から受け手への一方通行ではなく、双方向（そうほうこう）の交流になりつつある今、さらに放送局も大きな変化を求められています。

この本で紹介（しょうかい）したことが、あるいは5年後、10年後には大幅（おおはば）に変わっているかもしれない。それを理解した上で、ぜひお読みください。

著者

放送局で働く人たち　目次

この本でみなさんに伝えたいこと …… 3

Chapter 1

放送局ってどんなところだろう？

放送局にはこんなたくさんの職種があるんだ！ …… 10
放送局の仕事をイラストで見てみよう …… 12

Chapter 2

報道フロアではどんな人が働いているの？

報道の仕事をCheck！ …… 18
報道の仕事をイラストで見てみよう …… 20
働いている人にInterview!① **ニュースキャスター**（TBSテレビ） …… 38
働いている人にInterview!② **スポーツ記者**（テレビ埼玉） …… 44
働いている人にInterview!③ **カメラマン**（NHK） …… 50
放送局にまつわるよもやま話 …… 56
└ **放送局を支える存在・制作会社**

Chapter 3

番組はどんなふうにつくられるの？

番組制作の仕事をCheck！ …… 58
番組制作の仕事をイラストで見てみよう …… 60
働いている人にInterview!④**プロデューサー** …… 72
働いている人にInterview!⑤**ドラマディレクター**（NHK） …… 78
働いている人にInterview!⑥**放送作家** …… 84
働いている人にInterview!⑦**ラジオディレクター**（NHK） …… 90
放送局にまつわるよもやま話 …… 96
└**アナウンサーからディレクターになるのもアリ**

Chapter 4

番組制作を支えるためにどんな人が働いているの？

番組制作を支える仕事をCheck！ …… 98

番組制作を支える仕事をイラストで見てみよう …… 100

働いている人にInterview!⑧**衣裳担当**（東京衣裳） …… 112

働いている人にInterview!⑨**美術デザイナー**（NHK） …… 118

放送局にまつわるよもやま話 …… 124

民放キー局だけの部署・ネットワーク担当

準キー局の力はあなどれない

radikoでラジオ復権か？

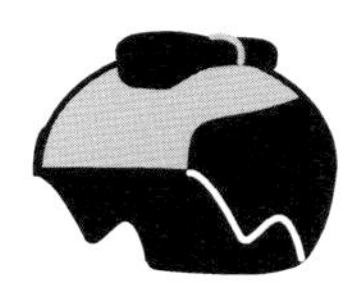

Chapter 5

放送を支えるためにどんな人が働いているの？

放送を支える仕事をCheck！ …… 128

働いている人にInterview!⑩**営業局員**（テレビ埼玉） …… 142

働いている人にInterview!⑪**事業局員**（文化放送） …… 148

放送局にまつわるよもやま話 …… 154

└**テレビ・ラジオショッピングは花盛り**

ケーブルテレビが強いアメリカ

この本ができるまで …… 156

この本に協力してくれた人たち …… 157

※本書に登場する方々の所属、年齢などは取材時のものです。

Chapter 1

放送局って どんなところ だろう？

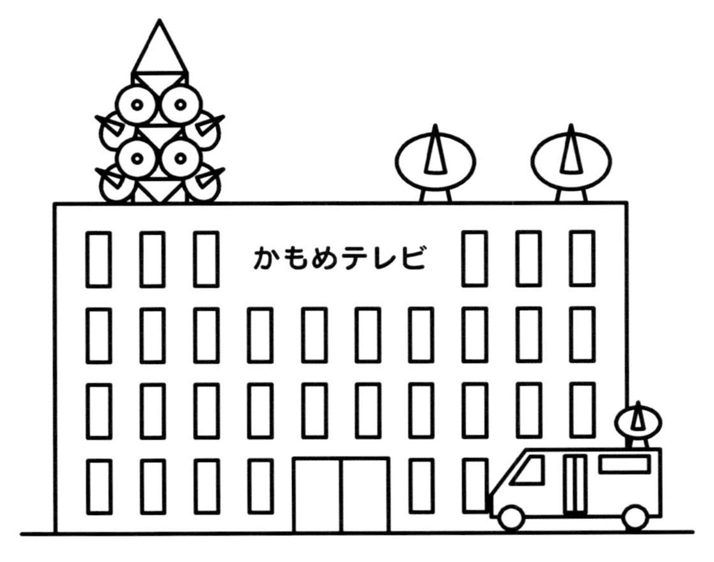

放送局には
こんなにたくさんの
職種があるんだ！

キー局からケーブルテレビまで

放送局が、テレビやラジオの番組を流すところ、というのはだれでもわかっていることだろう。でも、よく見ていくと、いろいろな種類があるんだ。

まず、多くの人が思い浮かべるのがNHK。それに、フジテレビ、日本テレビ、TBSテレビ、テレビ朝日、テレビ東京といった、東京にある民放テレビ局だろう。これらは「キー局」といわれて、放送局のなかでも大きな存在なんだよ。

このキー局は、全国放送ができるNHKに対抗していくために、できるだけ数多くの地方に自社がつくった番組を流してくれる「系列局」をつくっていったんだ。日本テレビ系ならNNN、フジテレビ系ならFNN

といったようなネットワークは、たとえば「NNN ニュース」のように、ニュース番組に名前がついていることもあるよね。

地方局でも、地元ニュースが中心の報道番組は自社でつくって、ドラマなど、高い制作費がかかる番組はキー局のものを流す、とうまくすみ分けていけば朝から夜まで番組をならべるときに、いろいろなタイプの番組を選べて、とても便利だった。

ただ、同じ地方発信でも、キー局とは関係のない独立の UHF 局もあるし、市町村単位で放送を流すケーブルテレビ（CATV）もある。こうした局がどんどんできたために、キー局の系列局の多くも、それらに負けないように、最近は、自局でつくる番組を増やそうとしている。

BS、CS といった衛星放送には、キー局も進出して、自分たちのチャンネルをもっている。それにスカイパーフェクト TV のように衛星放送で番組を流すのをメインにした会社もあるんだ。

ラジオは、テレビほど、はっきりとしたキー局、系列局のちがいはないけど、かわりに電波の種類によって AM 局、FM 局などに分かれている。こちらも衛星放送は行われているけど、最近はとくにインターネットとどう融合するかが、重要な課題になってきているね。

いや、もちろんテレビだって、インターネットとの融合は欠かせない。この本でも、この後、触れていくことになると思うよ。

番組をつくる人と売る人

では、ここで、東京の民放キー局「かもめテレビ」という会社を想定して、放送局とはどんな組織で、いったいどんな人たちが働いているのかを簡単に見ていこう。

かもめテレビは、東京の都心に地上５階、地下１階の大きな本社ビルをもち、それ以外にも、国内や外国の主要都市に支社をもっている。本社ビルのまわりにも、別館や、関係している会社のオフィスがいくつもある。

放送局の仕事をイラストで見てみよう

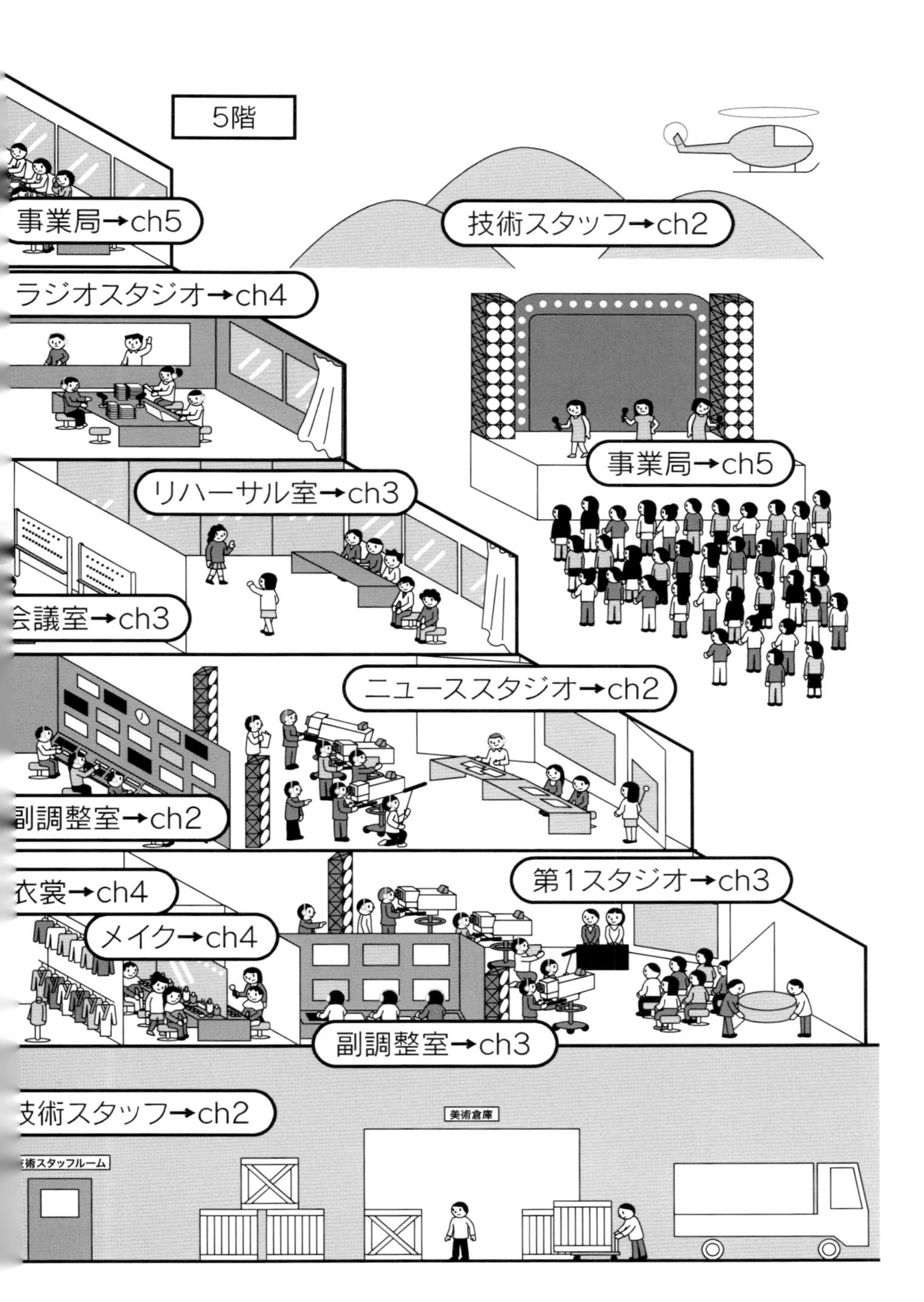
5階
事業局→ch5
技術スタッフ→ch2
ラジオスタジオ→ch4
事業局→ch5
リハーサル室→ch3
会議室→ch3
ニューススタジオ→ch2
副調整室→ch2
衣裳→ch4
第1スタジオ→ch3
メイク→ch4
副調整室→ch3
技術スタッフ→ch2
美術倉庫
術スタッフルーム

もちろんこれはキー局だからで、地方の系列局はそれほど大きくはない。だいたい県庁所在地にビルをもち、東京支社はビルの１フロアを借りて仕事をしている。

かつて、放送局はどこも、「まず番組をつくる人がいて、それを売る人がいる。ほぼその２つで成り立っている」といわれていた。

かもめテレビにおいても、20～30年前は、ほぼそうだったんだ。「番組をつくる人」っていうのは、つまり制作局。そこがドラマをつくる班、バラエティ番組をつくる班などに分かれていて、それに、どの時間帯にどの番組を流すかの順番を決める編成局があって、毎日の放送が行われていた。当然、照明や音響、セット作りなども、この制作の部門に入っていたわけだね。

一方の「番組を売る人」とは、スポンサーになってくれる企業をさがし、番組づくりのためのお金を出してもらう営業部門のこと。かもめテレビに限らず、テレビ局の場合、局とスポンサーが直接やりとりすることよりも、だいたいはそのあいだに広告代理店が入って交渉をすることが多い。

このほかにも、出入りするお金を管理する経理部門もあれば、会社全体の人事を受けもつ人事部門もある。番組を宣伝したり、局のイメージアップをはかる広報部門もあれば、会社全体の施設の管理をする総務部門もある。これらは、テレビ局に限らず、会社ならどこでもあるものだ。

どんどん伸びている新分野

ところが最近は、ただ番組をつくって売るだけではない、新しい部門がどんどん伸びてきているんだ。

たとえば事業部門。テレビ局がコンサートをやったり、サーカスを呼んだり、いろいろなイベントを開いて、テレビで宣伝してお客さんを集めることは増えているよね。テレビ局が主体になって映画をつくったりもするだろう。

昔は、番組の宣伝のための補助的な役割が多かったけど、近ごろは、フジテレビの夏のイベントのように、独立した「お祭り」として大きくなったものもたくさんある。

かつて放送した番組の放映権を売ったり、番組のグッズをつくったり、DVD にして売ったりする部門も大きくなっているんだ。こういうのは「権利事業」または「ライツ事業」といわれていて、かもめテレビでは「ライツビジネス局」になっている。

スポンサーからの収入とともに、このライツ事業での収入は、局の大切な収益の柱になっているんだ。

かつてはなかった部署も生まれている。携帯電話の有料サイトのコンテンツづくりなどを担当するデジタルコンテンツ部門とか。今後、デジタル化の流れの中で、ますますこの部門の重要性は増すよね。

会社内部のコンピュータ管理を担当するシステム情報管理部門も忘れてはいけないね。放送も CM もコンピュータで出す時代に入っているのだから、もしミスがあったら、放送ができなくなってしまう。

こうした、新しい部門の仕事内容を見るだけで、テレビ局が変化しているようすがよくわかるね。

これから放送局見学へ！

ごく簡単に、かもめテレビにある各部門を紹介してきたけど、まだ放送局で、どんな人たちがどのような仕事をしているのかはわからないだろう。

番組づくりの現場もあれば、営業や、新たに発展するデジタル部門の現場もある。また、放送局に外部からやってくる人たちもたくさんいる。あとでくわしくふれるけれど、じつは放送局の中は、その局の社員より、外部の人たちのほうがずっと多いくらいなのだ。

つぎの章からは、２人の中学生が、放送局の中で働いている人たちに会いに行く。もちろん、舞台になっているかもめテレビは本当にある放送局ではない。しかし、インタビューページには、実際に放送局で働いている人たちがいっぱい登場する。
「いい番組を流して、少しでも見ている人、聴(き)いている人たちに喜んでもらいたい」。テレビ、ラジオにかかわっている人たちは、結局、みんなそう思っている。だからこそ、ときには徹夜(てつや)の作業になろうとも、一生懸命(いっしょうけんめい)に取り組むのだ。そういう人たちの具体的な仕事内容やチームワークを、ぜひこの本を通して学んでほしい。
　放送局は、どこも入り口の受付で入館証をもらわないと中へ入れない。さ、さっそく受け取りに行こう。

Chapter 2

報道フロアでは どんな人が 働いているの？

報道の仕事をCheck!

**テレビ、ラジオの番組編成のなかでも、
欠かせないのはニュース。
日々、国内や世界各国で
起きていることを報道するのは、
放送局の大切な役割だ。**

「かもめテレビ」の1階にやってきた高橋くんと斎藤さん。さっそく、放送局の中に入ろうとしたが、ほとんどの放送局は、受付で入館証をもらわないと、警備員さんに止められて中には入れない。

＊　＊　＊

入館は予約か、だれかの紹介がないとダメ

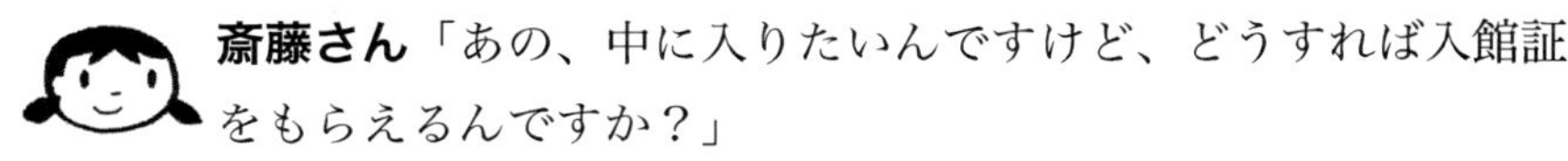

斎藤さん「あの、中に入りたいんですけど、どうすれば入館証をもらえるんですか？」

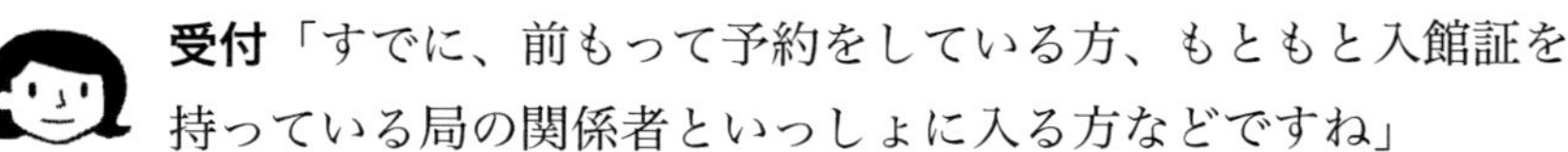

受付「すでに、前もって予約をしている方、もともと入館証を持っている局の関係者といっしょに入る方などですね」

高橋くん「じゃ、いきなり来て、中を見せてください、とたのんでもむ

ずかしいんですね」

受付「はい。もし社内見学ならば、前もって届けを出して許可をとっていただければいいんですけど」

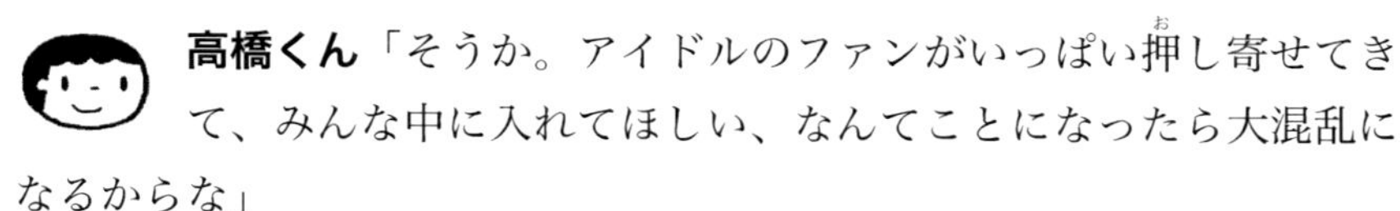

高橋くん「そうか。アイドルのファンがいっぱい押し寄せてきて、みんな中に入れてほしい、なんてことになったら大混乱になるからな」

斎藤さん「アイドルのファンだけじゃないわよ。テロリストとか、もっと怖い人たちが入ってくる可能性だってあるでしょ」

受付「おふたりについては、**予約をいただいておりますので、入館証をどうぞ**」

高橋くん「あ、ヒモがついていて、クビにぶらさげるんですね。日付も書いてあって、きょう１日だけ有効なんだ」

斎藤さん「社員の人も、こうやっていちいち毎回入館証をもらうんですか？」

受付「社員は社員証がありますし、番組関係者には、その番組が続いている期間は有効の入館証を配布しますので、わざわざ受付を通す必要はありません。では、報道局は２階ですから、そちらへどうぞ」

社内見学には、受付で入館証が必要

キンチョーする…

報道の仕事をイラストで見てみよう

ニューススタジオ
キャスター
カメラマン
ディレクター
副調整室

報道フロアは2つに分かれる

ビルの２階にある報道局にやってきた。そこは、ワンフロアがすべて報道のための場所になっていて、フロアの端には、ニュースを流すための専門のスタジオである「ニューススタジオ」もガラス越しに備えられているのだ。数多くのスタッフが動きまわっている。

斎藤さん「テレビの画面がいっぱいならんでいますね」

報道記者「あれは、モニター画面といって日本国内の放送局だけじゃなくて、**世界中のニュースを瞬時に見るためにならんでいる**んだ。いつ突然、大きな事件が起きるかわからないし、世界の動きを知っておかないと、報道番組はつくれないからね」

高橋くん「ずっと数字しか出てこない画面や、天気図ばっかりの画面もあるな」

報道記者「世界各国の会社の株価とか、今、日本円が１ドルいくらかとか、お金の流れもわかっていないとダメなんだ。それに天気図も刻々と変わっていくから、つねにチェックしておかなくちゃいけない」

斎藤さん「デスクもいっぱいあるんですが、仕事の内容ごとに分かれているんですか？」

報道記者「そうだね。まあ、大まかにいえば、ここでは、ニュースになるもとを取材する部門と、その素材を使って、ニュース番組やワイドショーみたいな情報番組をつくる番組制作部門とがあるんだ。ただ、その２つの部門が完全に別々になっているわけじゃない。**ひとつの番組をつくるために、両方が協力してやっていく**。たとえば、取材担当の報道記者、つまりぼくたちがいろいろな場所で取材してきたニュースがあるとするよね。それを、ニュース番組の会議で報告する。いっしょに行って現場を撮影（さつえい）したカメラマンも会議に参加して、その映像を、番組をつくるほうの担当者にも見せる。それで、『じゃ、このニュースはこういう形で報道しよう』と番組担当者が決めていくんだ」
斎藤さん「その会議には、番組でしゃべるキャスターの人も参加するんですか？」
報道記者「参加するし、意見も言う。ニュースキャスターをやっている人の多くはもともと報道記者出身だし、アナウンサー出身の人でも現場の取材経験はあるから、自分の意見を言える。だいたい番組が始まる時刻の３〜４時間前には会議があって、そこでその日のラインナップは決まる。定時ニュースの編成会議は、朝、報道局の担当者全員が集まって『このニュースはどうですか』と報告を出し、それをもとに『きょう

はこのニュースを取り上げよう』と編成責任者が決めていったりする」
高橋くん「それじゃ、取材と会議の連続ですね」
報道記者「そうなんだよ。とくに大事件が起きた日は、寝(ね)るどころか、トイレに行くヒマもないくらい」

局外にいることが多い取材部門の人たち

報道記者「取材部門には、それぞれどんな部署があるか、ひととおり見てもらおう。まずは社会部だな。事件や事故が発生したときに、**真っ先に現場に駆(か)けつけて、その様子を取材する**ところだ」
斎藤さん「あれ、でもあまり人がいないみたい」
報道記者「現場に取材に行っていることが多いし、たとえば東京なら警視庁(けいしちょう)にある記者クラブで詰(つ)めていることも多いんだ。事件といえば、まず警視庁に連絡(れんらく)が入るだろ。だから、そこにいたほうがすばやく動けるじゃないか。そういう意味じゃ、その向こうの政治部の人間も、あまり局内にはいないね」
斎藤さん「あ、政治のニュース担当の人たちですね。やっぱり国会に行ってたりするんですか？」

放送局と新聞社

放送局と新聞社が深い関係にあるのは有名だ。たとえば日本テレビと読売新聞社、テレビ朝日と朝日新聞社などは、資本提携しているだけでなく、人事の交流も多い。

この結びつきが生まれたきっかけは、民放放送局が開局したとき、新聞社が必要な資本金の一部を出したことや、開局当時はテレビも報道番組をつくる上で取材力が弱く、それを新聞社がカバーしなければならなかったことだった。やがて取材力も、かえって放送局のほうが新聞社を上回るようになったが、新聞社と放送局のつながりは今も続いている。

海外のメディアや、急成長したIT企業が大手放送局を買収しようとしたことが何度かあったが、そんなときも新聞社と放送局はタッグを組んで阻止した。

報道記者「よくわかるね。国会議事堂や総理官邸なんかは千代田区永田町にあるわけだけど、その総理官邸の前に、テレビや新聞などの記者が集まる国会記者会館がある。だいたいそこを活動の拠点にして、政治家やその周辺の取材をしている」

高橋くん「知ってる。**総理大臣とか決まった政治家についている記者**を『番記者』っていうんですよね」

報道記者「ああ、番記者はたいへんだよ。できるだけその政治家にくっついて歩かなくちゃいけないから、プライベートの時間なんてほとんどない。おちおち寝(ね)てもいられない。それから、あの、株価のモニター画面を見ながら打ち合わせをしているのが経済部の記者たち。彼(かれ)らも、別に拠点(きょてん)があって、たとえば東京証券取引所(とうきょうしょうけんとりひきじょ)の中に記者クラブがある。大手町(おおてまち)あたりの、超(ちょう)大手企業(きぎょう)や外資系企業(きぎょう)が集中する場所にも分室を借りたりして、情報を集めている。みんな局にいるよりも、まずいちばんニュースがつかみやすい最前線にいて、取材をやっているんだね」

斎藤さん「**海外からのニュースを担当する部署**もあるんですね」

報道記者「もちろん。ふつう外信部っていうんだが、海外の支局や通信社から入ってくるニュースをまとめるところがある。テレビ局は世界の主要都市に支局をもっていて、いろいろな情報が入ってくるからね。それを整理しなくちゃいけない。あとは、**カメラマンや音声などの技術スタッフが所属している取材部**も大切だね。テレビは、あくまで画面で見せるものだから、映像や音の臨場感がニュースの命だからね」

高橋くん「天気予報の担当の人はいないんですか？」

報道記者「局によってちがうんだけど、ウチでは気象センター、それにスポーツをあつかうスポーツセンターも、この報道フロアの中に入れて

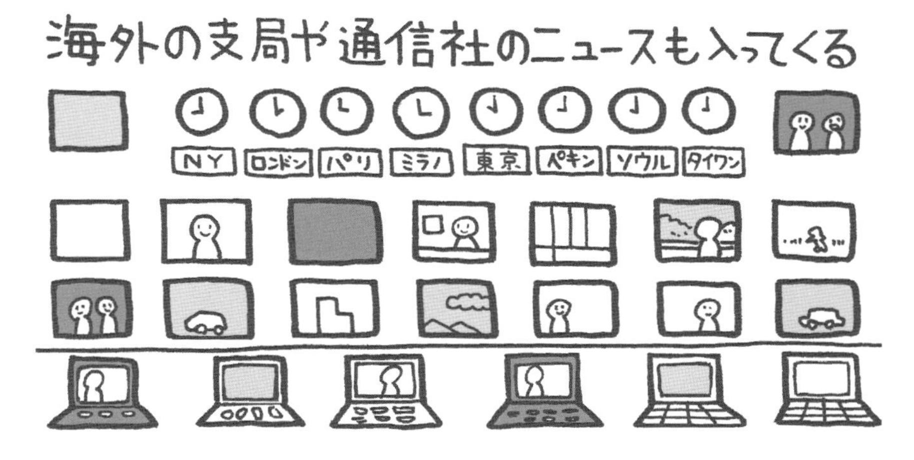

いる。ニュースや報道系の情報番組をつくるには、全部が一体になっていたほうが便利だからね」

番組には編集長がつく

高橋くん「でも、みんなが取材に行っているってわりには、フロアには人がたくさんいて動きまわってるけど」

編集長「いやいや、ここにいる多くが、実際にニュース番組をつくる番組制作部門の人間なんだ。それに取材部門の部署でも、かならず番組制作と現場の記者との窓口になっている担当者がいる。私も、番組制作部門で、ニュースをどうまとめていくかを担当している『編集長』のひとりだ」

斎藤さん「編集長って、雑誌だけじゃなくて、テレビのニュースでもあるんですか？」

編集長「ぼくらはね、料理でいえば、記者の人たちが集めてきた素材を調理するコックさんみたいなものさ。ニュースはキー局の記者だけじゃない、地方の系列局からも来る。外国からだって来る。そのなかから、記者たちとも連絡をとりつつ、どのニュースを何分くらい、どんな順番

で取り上げるかを決めて、**Qシートという進行表をつくる**」
斎藤さん「なるほど。雑誌の編集長と似てる仕事ですね」
編集長「ひとつの番組や雑誌を責任をもってまとめていくのだから、同じだね。のべ何百人というスタッフや出演者に、きょうの番組はこういう形で動きますよ、と指示をあたえるわけだから、Qシートの作成はいつも緊張（きんちょう）する」
高橋くん「ひとつの番組にひとりずつ編集長がいるんですか？」
編集長「そうとは限らないな。月曜から金曜まで毎日やっているニュースで、ずっと同じ人間がやっていたら、働きすぎで倒（たお）れちゃう。曜日ごとに担当が分かれてやっているよ」
斎藤さん「編集長がいるのはニュース番組だけですか？」
編集長「ワイドショーにも編集長がつくよ。ただ、ニュース担当の編集長とは微妙（びみょう）にちがうところがあるかな。タレントさんの話題も多いし、報道というより情報バラエティのにおいが強いから、報道出身ではなく、バラエティ出身の人が比較的（ひかくてき）多い。それと、ニュースの担当は、朝のニュース担当でも昼間のニュースにもかかわったりするけど、ワイドショーだと、ひとつの番組の担当になると、ほぼそれだけに集中するんだ」

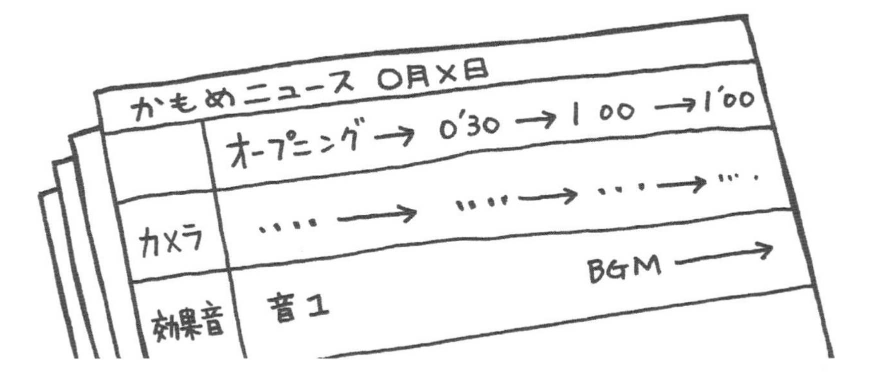

コラム　スポーツイベントの放送権

スポーツのビッグイベントに、かならず登場する言葉が「放送権」だ。ある世界規模のイベントの放送権を勝ち取ったのはどこの局、といった報道はよくある。

そもそも、この放送権が大きな話題となったはじめは、1984 年に行われたロサンゼルスオリンピック大会で、主催者側はテレビの放映権料を釣り上げることで莫大な利益を得た。それ以降、スポーツビジネスの中で放送権の比重が高まっていった。その後、ゴルフのメジャー大会、テニスの４大大会なども高額な放送権料によって取り引きされるようになった。

その一方で、プロ野球の巨人戦のように、かつては高い放送権料が必要だったが、視聴率が下がったために、今では放映そのものが減少してしまったイベントもある。

高橋くん「今、ここにいる人たちは、何をしているんですか？」

編集長「いろいろだよ。電話で、現場の記者の取材内容を聞きつつ、ニュースの原稿をまとめている人間もいれば、本番用に使う資料用 VTR をそろえて、編集室に持っていく人間もいる。番組の構成の最後の手直しをしている人間もいる。それぞれが自分のポジションの仕事をしながら、1 本の番組にまとめようとしている。ほら、スタジオじゃなくて、このフロアの中にも、直接、記者が番組に登場してしゃべってい

緊急時には「顔出しブース」からニュースを

いようなスペースもあるだろ。あれは「顔出しブース」っていうんだけど、緊急（きんきゅう）のニュースは、そこからも直接流せるように、しゃべり手がスタンバイしている」

斎藤さん「あ、テレビで見たことある」

編集長「でも、なかでも、番組開始直前、いちばんあわただしいのは編集スタッフだろうね」

いつもギリギリのたたかいの編集マン

同じ報道フロアの編集室に行くと、数多くのVTRをモニター画面に流しつつ、**編集マンと、その映像の現場を取材した記者とが話し合いながら、映像を編集する**作業をしている。時間は一刻を争うために、ときには話し合いが、口ゲンカのようになることも。

斎藤さん「いつも、こんなにケンカみたいになってるんですか？」

編集マン「いつも。落ち着いてのんびりやる仕事なんてない。映像がこっちにVTRで届いたり、回線で送られてきたりするのを、ギリギリのところでつないでいくからね」

高橋くん「前もってあわてないように早くやっておくってできないのか

な」

編集マン「それはダメだよ。**ニュースは速報性が大切**だろ。2時間前の情報よりも1時間前のほうがより新しくていいわけ。だから、番組の開始時間を頭に入れて、本当に間に合うぎりぎりでつないでいく」

斎藤さん「取材した記者と言い争いになるところはどこですか？」

編集マン「だいたい、どこの映像を残して、どこを切るかってことかな。取材した人間は当然、その内容に思い入れもあるから、できるだけ自分の意見を通したい。でも、ぼくらとしては、ちがう意見のときもある。『この映像がないと、事件の内容はわかりません』『いや、こっちでもわかる』、そんな感じでの話し合いが多くなるね」

高橋くん「流す時間はだいたい決まってるんですよね」

編集マン「うん。Qシートに、その日の放送の順番や時間が書かれているので、それにそってやっていく。ニュースでいえば、たとえ30分以上も撮った現場の映像があっても、だいたいはそれを30秒くらいでまとめなくちゃいけない。むずかしいよ、どこを残していくか。だから、ぼくらもただ映像をつなぐだけじゃなくて、ニュースについてはくわしくないといけない。でないと、短時間でニュースをわかりやすく伝えるなんてできないからね」

斎藤さん「放送開始に間に合わないこともあるんですか？」
編集マン「たまにね。ことに、いきなり大事件が起きたりしたら、編集が遅れることはよくある。たとえば大地震の映像なんか、分刻みで新しい映像が入ってきたりする。もう番組の進行と追っかけっこで編集をやったりもするよ」
高橋くん「息の抜けない仕事だなぁ。編集した映像は、その後どうなるんですか？」
編集マン「副調整室っていうところに持っていくんだ。行ってみたら」

ディレクターはオーケストラの指揮者

副調整室は、通称・サブといわれる。ここも、モニター画面がたくさんあって、国内の番組だけでなく、世界各国からの映像も一目で見られるようになっている。
斎藤さん「モニター画面が多いんですね」
ディレクター「放送の最中でもどんなニュースが飛びこんでくるかわからないし、気を抜かずにチェックしておかないといけないんだ」

高橋くん「置いてある電話の数もハンパじゃないな」
ディレクター「とくに**中継現場とはひんぱんに連絡**を取り合わなくちゃいけないから、電話回線については、いっぱいある」
斎藤さん「ここにはどんな人たちが入るんですか？」
ディレクター「ここは、番組全体を仕切る総本部みたいな場所なんで、開始の少し前になると、いろいろな人たちが集まるよ。まず私はディレクター、別名オンエアディレクターともいって、**本番中、番組全体の指揮をとる**。この映像を流してくれ、とか、そこでゲストを紹介してくれ、とか。それに、テクニカルディレクターといって、ぼくの指示に合わせて映像を切り替えてくれるスタッフや、音響担当、効果音担当、照明担当などのスタッフがそろっている」
高橋くん「そうか、オーケストラの指揮者みたいなものかな」
ディレクター「いいたとえだね。たしかに、ぼくはオーケストラの指揮者。当然、いきなり突然、この部屋に入ってきて指揮を始めるわけではないよ。番組の編集長や、スタッフ、キャスターのみんなとは、何度か打ち合わせもする。本番直前には、カメラマンなどの技術スタッフとも、ここはこう撮ろう、と技術確認もする。字幕や、フリップをどう使うかも確認しておく」

報道のディレクターはひんぱんに連絡をとる

斎藤さん「途中で放送内容が変更になることもよくあるんですよね」
ディレクター「しょっちゅうだよ。急な事件が入って、予定していたVTRが急に使えなくなったり、順番を入れ替えたり。報道に来たら、そういう緊急の事態に対応できる瞬発力がないといけないな」

より正確にわかりやすく

サブにスタッフがそろったころ、ニューススタジオではキャスターをはじめとした出演者の面々がそろって、本番前の最後の打ち合わせをしていた。
高橋くん「ニューススタジオって、けっこう人がいっぱいいるんですね」
キャスター「そうですよ。私たち出演者のほかにも、カメラマンもいるし、現場で取材してきた記者や報道局の関係者、それにVTRなどの資料をそろえているスタッフなど、いろいろ出入りしているんです。だから、ニューススタジオは、報道局に隣接してるんです。スタッフのなかでも、ちょっと変わった役割の人で、アナサイド、と呼ばれている人もいます。サブからの指示を私たちに伝えたり、**急にきた原稿をチェックしたりする**んです」

アナウンサーの横にいるアナサイド

斎藤さん「このスタジオ自体は、ドラマやほかのスタジオとはあまり変わらないんですか？」

キャスター「基本的にはそう変わらないですが、いくつかニュース特有のところはありますね。たとえばセットがほとんど変わらないとか」

斎藤さん「あ、ドラマのセットなんかどんどん変わりますよね」

キャスター「バラエティでも、あるていど模様替え(が)することはあるでしょ。その点、ニュースはあまり、セットは変えません。ただ、その半面、地震(じしん)などがきてもしっかり報道できるように、頑強(がんきょう)なつくりになっていますね」

高橋くん「他のところにはない変わった機材とかはないんですか？」

キャスター「ああ、ありますよ。たとえばプロンプターとか。私たちの手元にある原稿(げんこう)を天井(てんじょう)のカメラで撮(と)って、それを私たちを映しているカメラの前に映すんです。だから私たちは、カメラを見る目線のまま、原稿(げんこう)を読めるわけですね」

高橋くん「カンニングペーパーみたいだ」

キャスター「そういう見方もできるでしょう。だから、あまり使うのが好きでなくて、ときどき目線を下に向けながらでも、原稿(げんこう)をそのまま読む人もいますね」

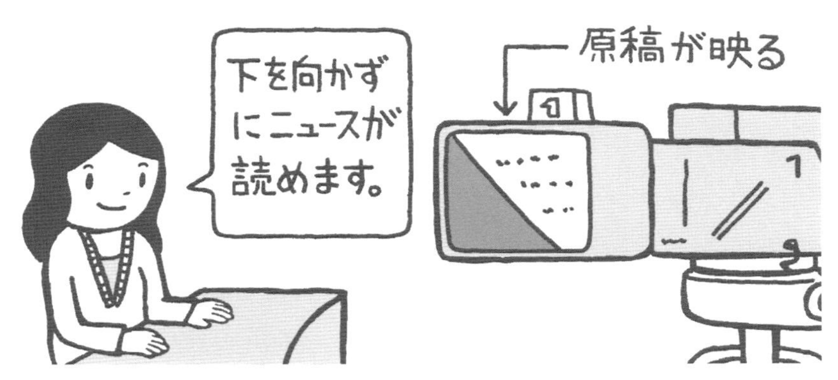

斎藤さん「本番までに、どんな準備をするんですか？」
キャスター「まず打ち合わせの連続ですね。編集長も加わった全体会議から、コーナーごとの会議まで、めまぐるしく話し合いが続きます。それで本番前には、**できた原稿（げんこう）にしっかり目を通し、声に出して読みます**。内容は矛盾（むじゅん）していないか、出てきた漢字や固有名詞はしっかり読めるか、アクセントはまちがっていないか、などくり返しチェックします。とにかく正確で、わかりやすく、が大切ですから。局にいるときだけではありません。日常でも、ニュースを見たり新聞を読んだりしています」
高橋くん「キャスターってカッコいいけど、けっこうたいへんなんだ」
キャスター「はい。スタッフのみなさんが取材したニュースが、私のひと言で台なしになるかもしれないですから、責任重大です」

ニュース制作は最高の集団作業

地下の車庫には、たくさんの中継車（ちゅうけいしゃ）がとまっている。そのなかで、ちょうど機材を車に積みこもうとしている技術スタッフがいた。
斎藤さん「これから現場へ取材ですか？」
技術スタッフ「ええ、ぼくらとカメラマン、それから記者とで行きます」

高橋くん「いつも急に、ここに行ってくれ、と仕事がくるんですか？」

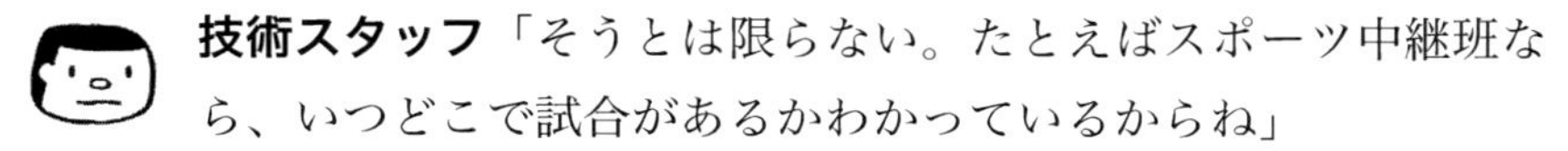

技術スタッフ「そうとは限らない。たとえばスポーツ中継班なら、いつどこで試合があるかわかっているからね」

斎藤さん「技術スタッフはどんな仕事をするんですか？」

技術スタッフ「おもに現場で中継ができるような**電波的な環境を整えたり、撮った映像を衛星機器などを使って一刻も早く局に電送する**作業です。局側は早く映像を受け取って編集したいわけだから、それと、ときにヘリコプターに乗って、上空から映像を送ったりもしますね」

高橋くん「ヘリコプターで仕事って楽しそうだな」

技術スタッフ「そうもいかないよ。ヘリで行くときは、大火事とかが多いから、とても楽しんでいる余裕も雰囲気もない」

斎藤さん「やりがいって、感じますか？」

技術スタッフ「もちろん。ニュースの命はナマの映像だから」

高橋くん「でも、ニュースって、こんなにスタッフが多いんですね」

技術スタッフ「いっぱいいる。ぼくらも含めて、ニュース番組は100人以上いるスタッフのみんなが気持ちをひとつにして取り組んで、やっと番組ができ上がる。最高の集団作業といえると思いますよ」

働いている人に Interview! 1

ニュースキャスター（TBSテレビ）

テレビ画面に登場して、
わかりやすく、明快に
視聴（しちょう）者にニュースを伝える。

長峰由紀（ながみねゆき）さん

TBSテレビ
編成局 アナウンス部

現在はTBS系列で月曜から金曜までの夕方に放送されている『Nスタ』のキャスターとして活躍（かつやく）。爽（さわ）やかな笑顔（えがお）で、むずかしい内容のニュースでも、やさしく、わかりやすく伝えてくれる。

ニュースキャスターってどんな仕事？

ニュース番組に登場し、ニュースを伝える人の総称。一般的にいって、キャスターは、ただ原稿を読むだけではなく、自分なりの考えなども加えてニュース報道を行う場合が多い。この場合は「アンカーマン（パーソン）」とも呼ばれる。司会役として、報道番組全体を仕切っている人も、通常、キャスターと呼ぶ。

「ニュースの案内人」

ニュースキャスター、という言葉も、時代とともに、だいぶ変化していると思います。

私の場合は、報道局に来てニュースを担当するようになったのが15～16年前なのですが、今よりハードルが高かったように思います。

「取材に行って、現場を見ていない人間が放送で語る資格はない」

と言われた経験もあります。ですから、キャスターといえば、報道記者がなるのがふつうで、あたえられたニュースを読むだけのアナウンサーとは区別されていました。

私も取材のために現場に行ったことはあります。当時、ある宗教団体に絡んだ大きな事件があって、テレビでは連日、特集番組を放送していたのですが、それに関連した現場に取材に行こうとしたときのことです。向かう途中で、同じ宗教団体絡みの新情報が飛びこんできて、局からいきなり、そちらの現場に向かってくれ、との連絡が入ったのです。

驚きました。いきなり取材目的が変わってしまうのですから。せっかくいろいろ資料を準備していても、またゼロからやり直さなくてはいけない。しかも、移動の途中ですと、放送局の中にいるスタッフのようには情報が集まってきません。

この緊急性がニュース番組の大きな特徴なんですね。情報は刻々と変化します。ニュースを伝えようとするなら、それらにしっかり対応しつつ、自分なりの視点で言葉にしていかなくてはならない。その厳しさについて身をもって知りました。

さすがに現在のように、月曜から金曜までの帯番組をもっていると、なかなか取材にあてる時間はありません。ただ、休日や、午前中の予定が空いた日などは、極力、外に出るようにしています。事件現場だけでなく、街を歩くだけでも情報は入ってきますから。

お芝居（しばい）を見に行って、今、どんな舞台（ぶたい）に人気があるのかを知っておくだけでも、とても大切な情報になると思うのです。

番組をまとめる司会者

ただ、近年は、キャスターは「取材者」というよりも、番組を進行する「司会者」としての比重が高くなっているように思います。

ニュースを伝えることと同時に、どうコメンテーターの言葉を引き出すか、番組をショーアップして見せていくか、が問われるようになってきたのです。おそらくこれは、『ニュースステーション』で久米宏（くめひろし）さんがキャスターとして成功したのが大きいのではないでしょうか。やはりテレビ局にとっては、番組の人気を上げて視聴（しちょう）率を取ることが重要で

どう伝えるか、ディレクターと打ち合わせ中

すね。そうなると必然的に、キャスターにも、イメージの良さや親しみやすさが求められます。

その結果、最近では、他のジャンルで活躍されているタレントや、入社したばかりの新人アナウンサーでもキャスターになれる時代になった、ともいえます。

それはそれで、とてもすばらしいことなのですが、ニュースを伝える限りは、最低限の「勉強」だけは欠かさないでほしいとは思いますね。

たとえば、「裁判員制度」について伝えるとき、それがいったいどんな内容で、いつから行われているのか、など、だいたいのことを理解していなくては、やはり伝える資格は

キャスターのある1日

8時	起床。新聞を読みつつ、朝の各局のテレビニュースを見る。
11時	出社。
13時	報道局のスタッフルームへ移動。番組の全体打ち合わせ。
13時30分	コーナーごとの打ち合わせが行われる。
14時15分	メイク。ただし、その間も他局の情報番組を見たりする。
15時	スタッフルームにもどり、その日に使うフリップをスタッフとともにチェック。
16時30分	スタジオ入り。ゲストにあいさつ。
16時53分	本番開始。
19 時	本番終了。
19 時30分	反省会。スタッフが全員集まる。
20時30分	帰宅。ただし、別の番組のナレーションどりなどがあった場合は22 時以降になることも。

自分なりの視点で言葉にします

ないでしょう。日ごろから、新聞や、他局のニュース番組を含めたさまざまなメディアに目を通していくことは不可欠です。

番組には、何十人ものスタッフがいます。番組全体の方針を決める「編集長」と呼ばれる人から、プロデューサーやディレクター、AD、それに現場を取材して原稿を書いてくれる報道記者、音響、照明などのスタッフもいれば、コメンテーターやコーナーを担当するアナウンサーもいます。そんなたくさんの支えを受けながら番組づくりをしているわけですから、キャスターのたったひとつのフレーズにも細心の注意が必要です。

疑い、そして掘り下げる

キャスターにとって、まず大事なのは、「疑う」ことですね。

仮に、ある事件に関する原稿をもらっても、それを鵜呑みにしてはいけません。本当にこれでいいの？と一度は疑ってみて、自分でも調べてみるわけです。そこで、大丈夫だと納得してはじめてしゃべるのです。

固有名詞、日付、それに事実関係などで、取材記者が書いた原稿にもまちがいはしばしばあります。それをそのまましゃべってしまうと、

『Nスタ』出演者。ほかにもたくさんのスタッフがいます

ニュースとしてはウソになるわけです。ですから、たとえ面倒でも、調べるなり、関係者に聞くなりすることは欠かせないのです。

その疑ったものを、もう一歩、自分なりに掘り下げてみていくのは、日々、好奇心をもって生活することにつながります。毎日、どんなニュースが飛びこんでくるかわかりません。だからキャスターは広く浅く、なんでも知っていなくてはいけないのです。

心がけていることといえば、ほかにもあります。たとえば事件・事故報道のさいには、「そこには被害者がかならずいる」とつねに意識するよう、つとめています。ともすれば、ニュース報道では、つい「この事故で何人死亡」などと機械的に原稿を読むだけになってしまいます。しかし、その裏にはかならず嘆き悲しんでいるご遺族がいるわけですね。感情を思いきり出して沈痛な表情でしゃべれ、ということではなく、少なくとも、事実の重さをどこかで感じつつ、日々の事件、事故と向き合っていきたい、と私は思っています。それでなくては、被害者の方やそのご遺族に対して失礼です。

日々緊張の連続であり、心身の消耗もはげしいですが、やりがいのある仕事なのはたしかでしょう。

キャスターになるには

どんな学校に行けばいいの？

キャスターになるための特別な養成機関はない。通常、大学を卒業してテレビ局に入社する。アナウンサーとしてだけでなく、報道局を志望し、そこで取材の現場を経験した上でキャスターの道へ進むケースもある。かつてはテレビ局だけでなく、新聞社に入って、取材記者をへて起用される例も少なくなかった。

どんなところで働くの？

報道局での仕事になる。ここは、ニュース報道についてのすべてを統括する部署であり、事件、事故をあつかう社会部、政治関係をあつかう政治部、国際的な情報をあつかう外信部などに分かれている。番組ごとに「編集長」がいて、編集長の主導のもとに、取り上げる情報がピックアップされていく。

働いている人に

スポーツ記者／ディレクター（テレビ埼玉）

現場で起こったことを取材して、
正しい情報が伝わるように
映像を撮(と)り、まとめる。

林(はやし)　悠哉(ゆうや)さん

テレビ埼玉(さいたま)（テレ玉）
スポーツ局スポーツ部

入局後、音楽番組の制作なども手がけた後に、スポーツ局へ。現在は、浦和(うらわ)レッズの応援(おうえん)番組『REDS TV GGR』を担当し、試合はもちろん、練習へも足を運ぶ。選手へのインタビューもする。

スポーツ記者／ディレクターってどんな仕事？

どの競技を担当する場合でも、欠かせないのは事前の調査だ。試合前の練習をチェックするのはもちろん、対戦相手との過去の戦績などのデータを調べた上で、試合に臨む。監督(かんとく)や選手だけでなく、観客の取材も欠かせない。試合以外のイベント情報などについてもまめに集めている。

仕事は浦和レッズとともに

私の仕事は、スポーツ記者でもあり、番組のディレクターでもある、というところでしょうか。新聞や雑誌の記者のように、取材して原稿(げんこう)を書いて業務が終了(しゅうりょう)ではありません。構成台本を考えた上で、VTRの編集をして、放送を流してはじめて完結です。

今、担当をしているのは週1回の30分番組『REDS TV GGR』です。出演者のトーク部分と試合映像部分に分かれていて、レッズの、前節の試合の模様をふり返りつつ、次節の展望をするのがメインの構成です。

ただ、仕事はそれだけではなくて、ウチがレッズの試合を中継(ちゅうけい)する節には、担当者としてどういう番組フォーマットをつくるかや、外部との交渉(こうしょう)もやります。とくにクラブの広報担当者や運営スタッフと、どういう進行で放送するかについては事前の打ち合わせが大切です。

今は、そうした流れで、ほとんど浦和レッズについての仕事をやっています。埼玉にはもうひとつ、大宮(おおみや)アルディージャもありますが、そちらはまた別の担当者がいます。向こうとの対抗(たいこう)意識は、ちょっとあります。レッズ対アルディージャの「埼玉ダービー」では、内心、夢中になってレッズを応援(おうえん)している自分に気づいたりします。

ただ、年間ではイレギュラーに高校サッカー、高校野球、高校バレーの予選の手伝いなどもしますね。地方局にとって、こうした県予選は、もっともニーズの高いコンテンツなんです。

『GGR』は、カメラマンも含(ふく)め、スタッフはだいたい5、6人でつくっています。私以外に、編集や技術部門をやってくれるディレクターがいて、AD とカメラマン２人。試合の情報以外にも、イベントの情報をとりあげたりもしますし、プレゼントコーナーもあるので、それらをどうとりまとめていくかは、私が考えていかなくてはいけません。

もちろんサッカーの中身でどこをとりあげたらいいかは、元レッズ選手でメイン MC（司会者）の水内猛さんにアドバイスをお願いします。

試合中にいるのは記者席

レッズの取材に関していえば、ホームのときは、いつも撮影させてもらっているし、気心も知れているわけで、あまり困ることはありません。ただ、アウエーになると、あくまで取材を仕切っているのは相手クラブですし、いつもと勝手がちがうため、現場でとまどってしまうこともあります。

たとえば選手に対する試合後のインタビューでも、「取材はできるだけ受けるように」と教えているクラブもあれば、選手個人に任せているクラブもあります。取材エリアについても、多少はみ出しても OK とい

司会者に台本の趣旨・意図を説明

うクラブもあれば、限られたエリアを絶対に出てはいけないところもある。取材の対応に一番すぐれているのは、やはり浦和レッズです。人気クラブということで多くのメディアに対応しているからでしょう。

試合中、私がいる場所はスタンドの記者席です。試合の重要なポイントごとにキャプション（試合経過記録）をつけて、どんな映像に編集し、終了後にどんなインタビューをするかも考えておかなくてはいけません。

インタビューは、試合に出たレッズの選手ほぼ全員に聞きます。ほとんどの選手は、こちらが聞きたいことを察して話してくれます。ただ、なかにはちょっと口下手というか、なかなか話がはずまないタイプの人もいるので、そこをどううまく聞き出すか、気を使うことはありますね。

（さいたま市大原にある）練習場へは、ディレクター２人とリポーターで行きます。試合前日に監督の会見を撮ると、だいたい翌日の先発メンバーはわかります。

一気に人員が多くなるのは、ウチがレッズの試合中継をすることになったときです。技術スタッフも含めて30人くらいになります。中継

番組の収録にも立ち会います

車も来るし、出演者も増えるし、いつもよりあわただしくなります。

うれしさとともに責任の重さ

仕事は、それは楽しいです。私はもともとサッカーが好きで、入社のときからこの部署に行きたいと希望を出していました。レッズについても、ずっと、そのときどきの順位はチェックしていましたから。

それが、1月のチームの始動からキャンプ、プレシーズンマッチとずっとついて歩くようになったら、ますます思い入れは深くなりますよね。注目していた若手選手がレギュラーになったり、ずっとキャンプから練習してきたプレーが点につながったり、そういう一つひとつで、歓びが体中からわいてきてしまいます。

また、サポーターの反応の大きさが、ほかのクラブとはまったくちがいますからね。いいプレーには称賛を惜しまないし、悪いプレーのときのブーイングも生半可ではありません。もうみんな、選手といっしょにプレーしてますから。記者席にいても、その派手などよめきには、いつも驚かされます。

試合中は記者席で記録をつけます

しかも、みなさんよく『GGR』を見てくださっているんです。レッズのイベントで、出演しているレポーターといっしょにいると、あちこちから「いつも見てるよ」と声がかかってきます。うれしさと同時に責任の重さも感じます。

ただ、ときには注目を集めているために、判断に迷うことも出てきますね。たとえばある選手の契約(けいやく)や移(い)籍(せき)は、クラブにも選手にとっても、非常にデリケートなことなので、どう触れるか難しいところはあります。なにげなく入れた映像が、見ている人に誤解を与えてしまうこともあるので、そういう話題がある選手には気を使いますね。

スポーツ記者/ディレクターのある1日

11時30分	選手の乗ったバスが入ってくる。それを取材、撮影。
12時	軽い食事や機材の確認。
12時40分	記者席につく。
13時	試合開始。
14時30分	試合終了。
15時10分	監督会見。選手の代表インタビュー。選手のコメントとり。
16時30分	現場片づけを終え、撤収。
17時30分	会社にもどる。試合中に書いたキャプション(試合経過記録)を清書し、その日のニュースをつくる報道部に渡したりする。
21時	社を出て帰途につく。

スポーツ記者/ディレクターになるには

どんな学校に行けばいいの?

定まったルートがあるわけではない。大学を出て、放送局に入るのがふつうの方法であり、特別、スポーツ記者を育成する学校があるわけではない。ただ、学生時代に、実際に体育会系の部でスポーツ経験がある人のほうが、選手の気持ちを素直に理解できるぶん、いいかもしれない。

どんなところで働くの?

通常のテレビ番組なら、スタジオ内で、話し手(パーソナリティ、アンカー)に指示を出しつつ番組を進行させていく。ただ、中継(ちゅうけい)担当になれば、中継(ちゅうけい)車で現場に向かい、そこでコーナーを仕切ることもある。もちろん局には専用デスクもある。

働いている人に

カメラマン（NHK）

野球、サッカーをはじめ
スポーツの現場の映像をカメラで撮影し、
視聴者に伝える。

清水貴雄さん

NHK　放送技術局
報道技術センター
（中継部）

スポーツ中継カメラマンとしてプロ野球、ゴルフをはじめ、さまざまな中継を手がける。2010年のバンクーバー冬季五輪で、フィギュアスケートの中継を担当したのをはじめ、世界的なスポーツイベントにはほぼカメラマンとして参加している。

カメラマンってどんな仕事？

スポーツの現場をカメラで撮影する。いわゆるカメラマンとしての仕事だけでなく、ときにはスイッチャーも担当する。スイッチャーは中継車に入って、何台ものカメラから送られてきた映像のなかから、中継で流す映像を選ぶ。カメラの位置決めなどのためにも、ねらいをもった「撮影プラン」が欠かせない。

野球中継は最低でも5台のカメラで

中継カメラマンといってもいろいろありまして、国会中継を担当する人間もいれば、緊急の事件を担当する人もいます。ぼくの場合は、スポーツ担当で、通常は野球やゴルフが中心ですね。オリンピックにも何回か行かせていただいていて、アテネ五輪ではサッカー、北京五輪では体操を担当しました。

仕事内容については、今、いちばん回数の多い野球中継を例にとってお話ししましょう。

カメラの数は、まず最低でも5台、場合によっては10台以上になることもあります。ポジションは決まっていません。外野席のセンター部分からバッテリーを映す、基本的な映像用カメラと、バックネット側から投手の表情などを映すカメラなどは必須です。

しかし、左右の外野席からホームランの瞬間を映す「ホームランカメラ」などは、かならず置いておくとは限りません。イチローのような人気選手がいたら、彼専用のカメラを使うこともあるわけで、試合によって、ねらいや見せ方も変わってきます。

こうしたカメラの位置決めをはじめとした撮影設計は、その試合のスイッチャーとディレクターで相談した上で決めます。

つまり、撮影全体のチーフが、スイッチャーになるわけです。カメラ5台なら、5人のカメラマンが現場で撮影します。中継車では、それぞれのカメラマンが撮影した5つの映像のうち、ひとつをスイッチャーが選んで切り替えます。ですからスイッチャーの責任は重大です。

だから、すべてのカメラの役割を理解しないとスイッチャーができません。ぼくは両方を経験したので、試合によってカメラマンかスイッチャーどちらかを担当します。

やはり重要なのは現場の下見でしょう。野球中継ならば、ピッチャーを撮影するカメラ、バッターを撮影するカメラ、ランナーを撮影するカメラ、打球を撮影するカメラ、センター側からバッテリーを撮影するカメラなどがあります。スイッチャーは、最初にバッテリーの映像を選んでおきます。バッターが打つと打球の映像に切り替え、ホームインするときにランナーの映像に切り替えます。野球はこうやって撮影するのです。スイッチャーはさらにねらいに沿った撮影プランを考えるのです。

プロより高校野球のほうがむずかしい!?

スポーツをあつかうわけですから、まず大前提として、カメラマンは試合の様子をきちんと伝えなくてはいけません。しかし、それだけでなく、より迫力のある映像も撮りたい。

まずスタンドにカメラを設置

ところが、多くは生放送なので、撮り損なう危険がつねにあるわけですね。たとえば野球なら、せっかく特大ホームランが出ても、うっかり「ホームランカメラ」の担当者がボールの行方を見失い、ちゃんと撮れていなかった、ということもありえます。

だからこそ、瞬時の判断がいる「ホームランカメラ」のほうに、経験豊富なベテランカメラマンがつくのです。若手は、まずバッテリーを映す基本映像を担当して、ボールを追う感覚をつかめるようになったら「ホームランカメラ」のような、むずかしい担当にまわっていきます。その上で、スイッチャーの仕事も始めていきます。

しっかりと野球のルールも覚えなくてはいけません。ワンアウト３塁で外野フライならランナーはタッチアップしますね。そのさい、ボールが飛ぶ外野を追うカメラと、ランナーを追うカメラがうまく役割を守らなければ、「タッチアップの画」は撮れません。

選手の特徴も頭に入れておかないといけません。足の速いランナーが塁に出たら、盗塁の可能性はつねにあります。カメラは、その瞬間を追うのですから。

NHK でいえば、新人カメラマンがまず担当するのは、高校野球です。

スイッチャーはカメラマンの撮影した映像からひとつ選びます

ただし、これがプロ野球の中継よりもかえってむずかしい。予測ができないんですね。プロだったら、まず絶対に起こらないであろうミスが、高校野球の地方大会ではよくあるんです。

なんでもない内野フライをポロリと落としてしまったり、とんでもない大暴投があったりすると､カメラマンは予想していないわけですから、なかなかボールを追えない。いわばちょうどいい「修業の場」でもあります。

スポーツ好きでなくてはできない

中継カメラマンになりたいのなら、まずはスポーツが好きで、よく見ていないとダメでしょう。ぼくは、もともと昔からサッカーをやっていて、サッカー中継もよく見ていました。ヨーロッパのサッカーは、選手の判断とプレースピードが速く、動きの予測もむずかしいですよね。今でも自分ならこう撮る、とイメージしながら見ています。

いろいろなスポーツの中継をたくさん見て、そういうイメージをもっていないと、まずカメラマンはできないでしょうね。

オリンピック会場の中継車

サッカー中継でいえば、2002年のワールドカップの日韓大会も、06年のドイツ大会も、カメラマンを担当していました。

たしかに、大きな国際イベントでの仕事は相当なプレッシャーがありますが、充実感も大きいです。

とにかく、興奮と熱狂のドラマが起きている現場に自分も立ち会っているのですから、スポーツ好きにとっては、この上なく幸せな仕事かもしれませんね。

カメラマンのある1日

11時	中継車が現場に入る。カメラマンは現場出勤。
12時	昼食。
13時	カメラを位置をたしかめつつセッティングしていく。
15時	すべてのカメラの動きをチェックしていく。
16時	演出担当者や音声担当者らと打ち合わせ。
16時30分	休憩。イメージトレーニングをしている。
17時30分	グラウンドでの練習開始。カメラはスタンバイ。
18時	試合開始。
21時30分	試合終了。撤収開始。
23時	撤収が終わり、現地解散。

カメラマンになるには

どんな学校に行けばいいの？

放送技術関係の専門学校などでは、カメラマン専門の養成コースが組まれていることもある。大学の理系、ことに電気工学や通信工学などを学んだ上でカメラマンになるケースも少なくない。ただ、資格が必要な仕事ではなく、大学の文系からこの道に入るのも十分に可能。

どんなところで働くの？

通常、局内にはカメラマンをはじめ、音響、照明などの技術関係のスタッフルームがある。ただし、やはり中継カメラマンの仕事場といえば、スポーツの現場。日本のみならず、世界中のスポーツイベントで活躍する。

▶ 放送局にまつわるよもやま話

放送局を支える存在・制作会社

放送局で働く人たちの半分以上、ときには大半が局の社員ではない。しいていえば、報道部門は社員の比率が高いのだが、それでも、ニュース番組がバラエティ化し、特集のVTR部門を局外に発注したりしたことで、年を追うごとに社員以外の人が増えていった。

そして、制作現場の中心を支えているのが、じつは「制作会社」と呼ばれる、番組づくり専門の会社なのだ。テレビ番組の最後に流れるスーパーで、しばしば、「制作」として、局の名前とともに別の会社の名前が出ることがある。これが制作会社だ。ただし、ひとつの番組にひとつの制作会社だけがかかわっているとは限らず、ディレクターやADだけを入れている会社、プロデューサーを入れている会社など、さまざまなパターンがある。もちろんフリーでどこにも所属していないスタッフも多い。

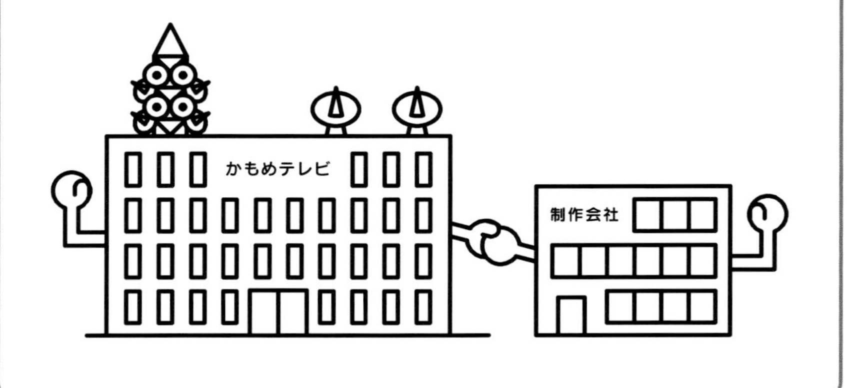

Chapter 3

番組は
どんなふうに
つくられるの？

番組制作の仕事を

番組をつくる現場。
ここには出演者からスタッフまで、
数多くの人たちが出入りして
番組づくりをしている。

番組工場ともいえるスタジオ

放送局といえば、やはり番組づくりの現場を見に行くべき。高橋くんと斎藤さんも、さっそくかもめテレビビルの１階にある、第１スタジオにやってきた。

そこでは、ちょうどバラエティ番組の収録をしていた。

斎藤さん「出演者の人たちだけでなくて、スタッフもいっぱいいるわね」

高橋くん「セットの後ろでも走りまわっている人や見物している人がたくさんいる」

スタジオの中には、大きなセットが組まれて、その前で出演者たちがトークをしている。それをカメラ３台が、それぞれの角度から撮影（さつえい）していた。

高橋くん「カメラの近くにいて、ヘッドフォンについた小さいマイクみたいなもので、何かしゃべっている人はだれなんですか？」

プロデューサー「あの人は、フロアディレクターといって、別の部屋から番組を見ているディレクターと、どう番組の演出をしたらいいか、話し合っているんだ。つまり彼が、**スタジオの中で、出演者にどう動いてもらうか、指示を出している**わけだね。それと、あのマイクはインカムといって、放送の現場では必需品なんだよ」

斎藤さん「その横で、『トークあと1分です』とか紙に書いて、出演者に見せている人たちは？」

プロデューサー「アシスタントディレクター、通称ADだね。番組に関する雑用が仕事だ。資料を集めてきたり、会議室の予約をしたり、必要な備品をそろえたり、弁当や飲み物を手配したり、とにかくなんでもやらなくちゃいけない。紙に、『つぎはこんなセリフを言ってください』という内容を書いて、出演者に伝えるのも彼らの仕事なの。ほかにもセットを作る大道具の担当者や小道具をあつかっている人たちもいる」

斎藤さん「へー。あの人たちはみんなテレビ局の社員なんですか？」

プロデューサー「いや、じつは社員はほとんどいないんだ。だいたいは

番組制作の仕事をイラストで見てみよう

会議室
放送作家
制作デスク
プロデューサー
俳優
カメラマン
ドラマディレクター
スタジオ

外部の制作会社に所属していて、番組をつくるために、放送局に来ている。**番組づくりってそういう多くの制作会社の人が支えているのさ**」
高橋くん「カメラの後ろにも、何人も人が立って見ていますよね。あの人たちは？」
プロデューサー「番組の内容を考えている放送作家の人たちや、出演者が所属する芸能プロダクションのマネージャーだな。それに広告代理店やスポンサーの会社の人が来ることもある」
斎藤さん「ディレクターがいる別の部屋ってどこですか？」
プロデューサー「わかった。さっそくその部屋に行こう」

番組づくりの頭脳「副調整室」

スタジオのすぐとなりに、**モニターがたくさんならんでいて、その前の機械で、たくさんの人が作業をしている部屋**がある。
プロデューサー「ここが副調整室だよ」
高橋くん「あ、やっぱりここでもインカムを使ってる人がいる」
プロデューサー「そう。中にいるフロアディレクターと話し合っているわけだな。真ん中で、いろいろと指示を出しているのがチーフディレク

ター。つまりこの**番組をどうつくるか、全体の指揮をとっている人だ。**

斎藤さん「前にあるいくつものモニターは、スタジオで撮っている画面がそのまま送られてきているんですか？」

プロデューサー「うん。何台ものカメラがそれぞれちがう角度の映像を撮っているでしょ。そのなかで、瞬間的に、どこでどの映像を使うか決めるのも、チーフディレクターなんだ。彼はカメラマンにも、『ここからこう撮ってくれ』と注文も伝える」

高橋くん「ほかの人たちは、どんな担当なんですか？」

プロデューサー「まずは音声を担当するスタッフ。それに照明スタッフや、カメラの担当、映像の露出を調整するスタッフもいれば、効果音を担当するスタッフがいる場合だってある」

斎藤さん「プロデューサーも、収録中はここにいるんですか？」

プロデューサー「ま、いることもあるけど、あまり口は出さないね。番組づくりはディレクターに任せてしまう。どちらかといえば、放送作家の人がディレクターの横にいて、『こうしたらどうですか？』などとアドバイスしていることのほうが多いかも」

高橋くん「野球でいえば、こっちがベンチにいる監督で、スタジオがグラウンドのようなものですね」

チーフディレクターの指示でカメラも動く

番組プロデューサー「おもしろいたとえだね。そのとおりなんだ。いわば番組づくりの『頭脳』にあたる部分なんだ」

リハーサル室では真剣な稽古

階を上がって６階にあるリハーサル室では、俳優さんたちが椅子に座って、ちょうどドラマ番組の「本読み」が行われていた。つまり、みんなで台本の読み合わせをしていた。

ディレクター「あ、リハーサル室へようこそ。今、ちょうど一段落したところだから、質問があったらなんでも聞いて」

斎藤さん「へー、まず最初に、こうやって練習するんですか？」

ディレクター「そうだよ。でき上がった**台本を読みながら、俳優さんたちは、実際に演技をするときにはどう動いたらいいかを考えるわけ**。ディレクターも、俳優さんやスタッフの人たちにどんな指示をするといいか考えるし、音響、照明、小道具などのスタッフにも来てもらって、いっしょに、ここはこうしよう、なんて話し合うこともある」

高橋くん「じゃ、台本を読んでいるときに、ドラマの中身の全部が決まるんだ」

編成は制作の司令塔

じつは、番組づくりで、局内でもっとも大きな影響力をもつ部署が「編成局」なのだ。東京のキー局のなかには「編成制作局」といって、制作部門と合体させているところもあるくらいで、それだけ現場に対しての発言力は高い。

この「編成局」の仕事は、まず番組をどこに配置させるかを決めること。4月新番組のこのドラマとこのバラエティをどの時間帯に入れようかとか、この特番はここで放送しようとか、について決める。その上で、編成マンは自分が担当する番組をもち、番組の視聴率がよくなかったらそのテコ入れ策を考えるなど、バックアップ役として働く。

いわば番組をまとめる司令塔の役割だ。

ディレクター「そんなことはないよ。このあと、リハーサル室で、**実際に動きをつけてリハーサルもしてもらうし、スタジオでの、衣裳もつけてのリハーサルもある**。そのときどきに、『あ、こんな演技を加えたほうがいいんじゃないか』とアイデアが浮かぶことが多い。もちろん、俳優さんとも、何度も納得がいくまで話し合うよ」

斎藤さん「バラエティ番組でも、リハーサル室を使うこともあるんです

リハーサル室では実際に動きをつける

か？」
ディレクター「もちろん。コントのリハーサルなどは、何度もしっかりやり直さないといけないしね。それに、番組に出演してもらうタレントを決める**オーディションなんかも、だいたいリハーサル室でやる**」
高橋くん「あ、お笑い番組に出る新人お笑いタレントとか」
ディレクター「そうさ。ここでディレクターをはじめ、番組関係者が、一組一組をチェックするんだ」
高橋くん「じゃ、番組の内容を決める会議も、ここでするんですか？」
ディレクター「いやいや、それは別に会議室があるよ」

会議室では、いろいろなタイプの会議が

８階の会議室では、じつにさまざまな形の話し合いが行われている。バラエティ番組の全体会議にはプロデューサーからディレクター、担当する放送作家や、AD までもが集められるし、個別のコーナー会議なら、担当のディレクターと放送作家だけのこともある。

放送作家「ぼくらにとっては、局の中では、この会議室にいる時間がいちばん長いんじゃないかな。**とにかく会議が多い**。番

出演者を決めるオーディションも
リハーサル室で

組を何本も担当している売れっ子になると、同じ局内の会議室をあちこち行ったり来たりすることもある」

斎藤さん「ドラマでも、そうなんですか？」

放送作家「もちろん、ドラマの会議もここでする。ただ、ドラマの脚本家は何本も掛(か)けもちはできないから、行ったり来たりってことはないな」

高橋くん「会議をする時間はだいたい決まってるんですか？」

放送作家「**多くの番組でも、全体会議は週１回、この曜日のこの時間にやろう、っていうのは決まっている**。でも、個別の会議になると、いつになるか、まったくわからない。たとえば、急に出演するタレントさんのスケジュールが合わなくなって、企画(きかく)を変えよう、なんてことになるでしょ。そうすると朝でも深夜でも関係ない。急きょミーティングをやろう、ってなっちゃう」

高橋くん「そういうときも、会議室を使うんですか？」

放送作家「いや、場所もバラバラ。会議室になったり、夜遅(おそ)くまでやっているファミリーレストランで会ったり、いろいろだな」

斎藤さん「たいへんなんですね。体、壊(こわ)しちゃいそう」

放送作家「そうだよ。だから放送の仕事をやるには、体が強くないとね」

高橋くん「じゃ、ぼくは放送向きかも。体育は得意だから」

放送作家「制作フロアのほうには、行ってみた？」
斎藤さん「いえ、まだです」
放送作家「じゃ、行くといいよ。同じ階にあるから」

制作フロアの大部屋は、番組ごとに

会議室を出て、廊下を隔てたところに、広い、たくさんのデスクがならんだ部屋がある。そこが、番組制作を担当する人たちのデスクがある制作フロアだ。

斎藤さん「番組ごとに区切られて、その番組の名前が書かれたホワイトボードがあるんですね」

AD「うん。そのホワイトボードには、関係しているスタッフの名前も書いてあって、『本番撮り　３スタ（第３スタジオ）』とか『新宿・取材』とか、いる場所とその用件は何かなどを本人が書いていく。だから、だれがどこにいるのか、わかるようになっている」

高橋くん「どのデスクの上も、書類や本や CD でいっぱいだな」

AD「たまっちゃうんだ。番組の企画書があるし、台本は毎週できてくるでしょ。それに、外部から、この本を番組で紹介してください、とか、

制作フロアは番組ごとに区切られている

企画書は番組の「顔」

放送局で番組づくりをするさい、まず絶対に必要になってくるのが企画書だ。番組企画を考えるのは制作だけでなく、局内はもちろん、外部の制作会社、タレントのいる芸能事務所、スポンサー、広告代理店などから持ちこまれるものも少なくない。

だいたい、新番組がスタートする半年くらい前から企画募集が行われるのがふつうで、数百本も企画が来たなかから選ばれるのは２～３本。

企画書の内容は、その番組のねらいは何か、どんな番組内容か、タイトルや放送時間、出演者やスタッフ、などが列記されていく。

企画内容は当然として、視聴率が取れそうか、予算はどのくらいか、スポンサーはつきそうか、などさまざまな面を検討の末新番組が決定する。

このCDを流して、とかもあるし、番組資料として自分でも買ったりもするし、ちょっと整理をサボると、すぐに机の上は大混雑しちゃう」

斎藤さん「でも、やっぱりいちばんの中心はパソコンと電話ですね」

AD「だいたいみんな、まず会社に来て、自分のデスクについてすぐやる仕事はメールチェックだからね。それに企画書もパソコン、外部に、まず連絡を入れるのも電話とメール。もっとも、プロデューサーやディ

番組担当者のデスクは書類や本やCDでいっぱい

レクターのなかには、自分のデスクにはあまり来ない人もいる」
斎藤さん「それでも仕事になるんですか？」
AD「最近は、ちょっとした連絡なら携帯電話で済んでしまうし、スタッフへの連絡などの細かい仕事はぼくらに任せて、会議と収録に顔を出すだけでも番組づくりは進んでいくからね。ただ、制作費の管理を担当しているプロデューサーは、しっかりお金の計算もしなくてはいけないから、デスクでの仕事が多いかな」
高橋くん「机のならべ方には決まりがあるんですか？」
AD「だいたいはね。たとえば窓を背中にした、**その部署の全体が見渡せるようなところには番組をまとめているチーフプロデューサーやチーフディレクターが座っていて**、デスクがひとつだけ独立している。あとのスタッフのデスクはズラッとならんでいたり」
斎藤さん「ここでも会議をしたりするんですか？」
AD「めったにやらない。会議や機材の収納用に、別にスタッフルームをもっている番組も多いしね。使う機材やスタッフも多くて、とても収容しきれなかったりすると、局の中の別室や局に近い別のビルの一室を借りてスタッフルームにするんだ」
高橋くん「局の中だけではおさまらないんですね」

ロケの撮影(さつえい)は手近なところで

廊下(ろうか)に出ると、ちょうど、そこでバラエティ番組の撮影(さつえい)が行われていた。廊下(ろうか)を走っている出演者をカメラが追っている。

高橋くん「あんなふうに、局の中で撮影(さつえい)することも多いんですか？」

プロデューサー「けっこうあるよ。みんなも見て知ってると思うけど、わざわざ会議室や制作フロアのシーンを入れたりすること、あるでしょ。ドラマだって、たとえば会社のシーンに、局の中を使ったりもする。わざわざ機材を外に運んだりしないから便利なんだ」

斎藤さん「移動する時間もかからないのは、いいですよね」

プロデューサー「そうなんだ。だから、番組のスタッフは、局の中に限らず、手近なところで、どんな場所があるか、だいたいアタマに入っている。公園のシーンが撮(と)りたければ、じゃ、すぐ近くのあそこにしよう、とか。**テレビ番組づくりって、だいたい時間と予算とのたたかいなんだ**」

高橋くん「テレビ局も、けっこうたいへんなんですね」

プロデューサー「世の中は不況(ふきょう)で、スポンサーも増えないからね。限られた制作費の中でいい番組をつくるよう、スタッフはみんな苦労しているんだ」

働いている人に Interview! 4

プロデューサー

バラエティ番組で、予算や出演者を
決めたり、スタッフを集めたり、
番組づくりを裏から支える。

比留間晃則(ひるまあきのり)さん

バラエティ番組を専門につくる制作会社に入社して、ADとしてさまざまな番組を担当する。その後、プロデューサーの業務に転じ、現在は深夜の、あるお笑い番組を担当している。

プロデューサーってどんな仕事？

番組づくりを実際に行うのは、ディレクターや出演者、それに音響、照明などのスタッフなどだが、番組が立ち上がる最初の段階で、彼らを集め、働きやすいようにリードしていくのがプロデューサー。あたえられた制作費をどう使うかも、プロデューサーが決定することで、制作途中のトラブル処理も行う。

大事な予算管理とブッキング

まず、プロデューサーのもっとも大事な仕事といったら、お金の管理ですね。どんな番組にも、あらかじめ決められた予算があって、その中で番組をつくらなくてはいけません。もちろん、いい内容にしたいから、お金はケチケチしないですが、あまり使いすぎて赤字になってもいけないわけです。

大きな部分でいえば、出演者のギャラや、スタッフの人件費。細かくいえばタクシー代とか、スタッフが打ち合わせをするときの飲食代とか、とにかく経費はいろいろです。それに最近はよく、編集用に使っているパソコンのリース代などもありますね。

ひとつの番組には、だいたいテレビ局側のプロデューサー（略称・局P）と、ぼくらのような、制作会社側のプロデューサーがつきます。その両方で話し合いつつ、じゃ、ここにはこれくらいのお金を使おう、と決めていくわけです。

それと、つねにエネルギーを使うのがブッキング（booking：スケジュールを入れること）です。出演者やスタッフを集めていく作業ですね。

たとえば番組が始まる前に、メインの出演者を決め、お願いします。ただ、これは大御所や売れっ子タレントでなくてはいけませんから、だいたいは局側で、昔からそのタレントや所属事務所と付き合いのある人が交渉にあたります。ぼくらがブッキングを行うのは、毎週登場するゲストがおもになります。深夜番組でいうと、メインの出演者を盛り上げる若手お笑いタレントとか。

番組を補佐するADのだれをどこに置くか、といったスタッフの配置や、番組を見に来る観客の手配なども、ぼくらの仕事です。

よく、外部の方は、ぼくらがタレントの人たちとの付き合いが多いと思われているようですが、どちらかといえば事務所のマネージャーさんと会う機会のほうがずっと多いですね。

企画づくりは力を抜けない

番組づくりの現場では、トラブルはしょっちゅうです。それを処理して、現場に支障が起きないようにするのも、結局はプロデューサーの職務になります。

たとえば、あるタレントさんがロケ現場に向かおうとしているのに、車が渋滞していて、どうしても本番までに到着できないとしますね。そのとき、どうすればより早く着けるか道路状況を調べたり、現場のディレクターに状況を伝えて撮影プランを変更してもらったり、ときに緊

出演者・スタッフいろんな人と交渉します

急に代わりのタレントさんを立ててもらったり、やらなくてはならないことがドーッとやってきます。それを処理するのがぼくたちです。

番組の内容そのものには、基本的には口出ししません。あくまでつくるのは総合演出担当をはじめとしたディレクターの仕事ですから。

ただ、「こんな番組をつくりたい」という企画づくりは、やっています。テレビでは、通常、4月と10月に新番組が始まるのですが、バラエティの場合、ゴールデンタイムの番組で3～4カ月前、深夜番組でも2～3カ月前には番組が決定します。ぼくらとしては、それに向けて、だいたい半年くらい前から、動きだしていきます。

企画を考えるパターンはさまざまですが、ふだんからいろいろアイデアは考えておいて、ときにはメモで書きとめておいたりします。そのなかでおもしろくなりそうなものがあったら、気楽に話のできる放送作家やディレクターを交えてミーティングをやってみるのです。すると、どこを広げればもっとおもしろくなるか、どこは切ったほうがいいか、よく見えてきます。そうやって、企画を練りこんだ上で、その放送作家に企画書を書いてもらってテレビ局に提出するのです。

しかし企画書は何百本も出て、採用は1～2本、というのがあたり

収録中、スタジオ外のモニターを見ています

まえ。厳しいです。でも、自分たちの手でテレビ番組をつくりたい、と思って入った世界ですから、企画づくりは手が抜けません。

自分の考えを安易に曲げるな

楽ではないですよ。自分の都合だけではスムーズにまわらないですから。

とくにむずかしいのは、たとえば前もって、取材に行く予定のお店を、突然、時間の都合でキャンセルしなくてはならないときなどですね。向こうはテレビの取材が入ることで、とても張り切っているわけです。しかもお店の宣伝にもなる。それを「行くのやめます」とはなかなか言いづらい。でも、だれかが言わなくてはならないんです。謝るしかないです。こういう対人関係がいちばんシンドい。

ただ、この仕事を始めていちばん楽しい部分もまた、対人関係なんですね。いろいろな人たちの、さまざまな話を聞けます。

ぼくも、最初はディレクターになりたくて、この業界に入ったんです。ところが、現場で働くうちに、番組の撮影に集中しているよりも、数多

人と話をして番組づくりを支えます

くの人と接して番組づくりのバックアップをするほうが自分に向いていると思うようになったんです。

もっとも、プロデューサーの仕事をするようになって、ただ他人の話を聞いて、それに動かされるだけじゃダメだな、とも痛感しました。ぼくらの業界は個性の強い人が多い。自分の中に「ぼくはこの信念だけは曲げられない」というものがなかったら、周囲に流されるだけで、存在価値もなくなるんです。

他人の話はしっかり聞ける、でも自分はこうしたい、というのがはっきりある人が向いているといえます。

プロデューサーのある1日

11時	制作会社に出社。メールチェックや、出演者のブッキングのための電話など。
13時	昼食。
14時	テレビ局で、プロデューサー会議。局Pや制作会社Pが集まって、ゲスト出演者のブッキング状況の確認など。
15時	全体会議。プロデューサー、ディレクター、放送作家もそろって、番組をこれからどうしていくかを話し合う。次回の収録に関する確認も。
17時	制作会社にもどり、かかった経費の計算や、今後の番組ゲスト候補の資料作りなど。
22時	退社。18時ごろには、いったん会社を出て、番組ゲスト候補が出演するライブを見に行く。

プロデューサーになるには

どんな学校に行けばいいの？

局のプロデューサーについていえば、大学を出て、テレビ局に就職するのが通常のコース。まずADからディレクターになり、その後にプロデューサーになる。制作会社やフリーのプロデューサーとなると、出身は千差万別だ。放送関係の専門学校を出た人もいれば、テレビ局を退職した人もいる。

どんなところで働くの？

番組の会議については、テレビ局の会議室などで行うのがふつう。番組の収録の日には、スタジオにいて、だいたい撮影(さつえい)に立ち会う。あとはおもにデスクワークであり、出演者のブッキングのために電話の前に張り付いていたりもする。夜はたとえば若手タレント発掘(はっくつ)のためにライブを見に行ったりすることも多い。

働いている人に Interview! 5

ドラマディレクター（NHK）

ドラマの企画を立て、
それを演出し、
まとめていく仕事。

片岡敬司さん

NHK　制作局
ドラマ番組部
チーフディレクター

NHKのドラマディレクターとして活躍を続ける。大河ドラマでは『元禄繚乱』、『天地人』の演出を担当。『天地人』ではチーフディレクターとして企画段階からかかわった。

ドラマディレクターってどんな仕事？

まず、ドラマの企画から参加し、実際にそれが具体化したら、現場での総指揮をとる。映画でいえば監督にあたる。ただし、たんに演出をするだけではなく、前もって舞台となる場所での取材、脚本家との打ち合わせなど、事前の仕事がとても多い。美術、音響、衣裳などのスタッフとのミーティングも欠かせない。

動きはじめるのは3年前

数百人いるスタッフやキャストをまとめあげて、ひとつの作品にしていく、それがぼくたちドラマディレクターの仕事といえるでしょう。

べつにぼく自身がカメラを動かせるわけでもなく、セットを作れるわけでもありません。それぞれのプロフェッショナルな人たちにどういうドラマをつくりたいか説明して、思いっきり力を発揮してもらうわけです。

ドラマ部に入ったからといって、いきなり大河ドラマの演出ができるわけではありません。まずはミニドラマとか、形式の定まった連続ドラマの1本を演出して実績を残し、それが認められたらもう少し大きい番組へと、しだいに仕事を大きくしていくのです。大河ドラマは1年にわたり放送するとても大きな企画ですから、幅広い年代層の、より多くの視聴者に楽しんでもらえるものであることが至上命題です。失敗が許されない、まさに演出家の腕が問われることになります。

『天地人』を例にとれば、放送開始の3年前には、チーフプロデューサーとこの原作でいこう、と決定していました。原作の選定には、ドラマとしておもしろいものであることはもちろんですが、あつかう時代や舞台となる地域が前年の放送と重ならないようにといった配慮も必要です。

原作を決めたら、その原作者に小説への思いなどをお聞きし、物語の核になっている魂みたいなものをしっかりと確認します。

それから現地取材ですね。舞台となる土地の風土やそこで育った気質みたいなものを感じ取って、自分の感覚に覚えこませる作業です。『天地人』では、新潟と山形に何度も足を運びました。新潟の山は鋭角にそそり立ち、山形の山はなだらかに稜線を描く、といったイメージもそういう取材で身につけます。原作者の火坂雅志さんが、雪に閉ざされ雪と向き合う人びとの心のたくましさ、すがすがしさにこだわられていたので、とくに冬の体験談を現地のみなさんにたくさんうかがいました。ぼくは雪国の経験がほとんどないのでとても刺激的でしたし、直江兼続や上杉謙信を誇りに思う人たちと多く知り合えて、その熱い思いに触れて、よりいっそう意欲が燃えあがりました。

放送開始の２年前から、脚本家とともに具体的な構想づくりが始まります。その一方で、ぼくたちはロケ場所を探したり、デザイナーとセットプランを立てたりとあわただしく動きます。

「世界観」をキャスト・スタッフに伝える

チーフディレクターは演出チームのリーダーとして、そのドラマの土台となる「世界観」をつくり上げなければなりません。

撮影場所の下見をします

『天地人』でいうと、ぼくは、「『山の民』と『平野の民』の戦い」というコンセプトをスタッフに示しました。上杉謙信や直江兼続は、雪国の険しい山々の厳格さ、いさぎよさを尊び、自然と調和した暮らしを願う人たち。一方の信長や秀吉は、広大な平野の如く社会を拡げ経済を豊かにすることをめざす人たちと設定して、両者の衝突と和解の物語を描きましょうと宣言したのです。ねらいがはっきりすれば、スタッフからはそれに即したさまざまなアイデアが集まります。上杉家のファッションは、少し時代の古い鎌倉武士が着ているようなもののほうが「頑なさ」が出ていいですね、とか。スタッフを刺激して、いいアイデアを引き出すことは演出のとても大事な仕事です。

出演する俳優さんとも同じようにじっくり話し合います。俳優さんからも、いろいろとおもしろいアイデアをもらうことができるんです。

たとえば上杉謙信役の阿部寛さんは、豪快で圧倒的な謙信像でドラマを引っ張っていきたいと熱く語ってくれました。謙信で越後のイメージを決定づけたいと考えていたぼくは、もちろん大賛成で、馬で全力疾走し、堅固なバリケードを一刀のもとに切り崩す豪快なアクションシーンを冒頭に用意し、強いアピールをもたせることができました。

いい演技を引き出すのが役割

撮影と編集をくり返す毎日

撮影に入ってからのディレクターの役目は、お客さんが先を見たくなるように物語を描くことです。それに加えて、チーフはドラマが進むべき方向からそれないようにいつも注意を配らねばなりません。いずれの作業も気の抜けないものなのですが、それをやりとげるためにいちばん必要とされるのが、人に自分の考えを「色鮮やかに伝える」手腕です。ディレクターは伝える相手の専門分野や感性をふまえて、いちばん相手の心に響く言葉を選んで伝えなければなりません。たとえば明るい雰囲気のシーンにしたいとき、カメラマンには「カメラを動かして、テンポ出して」と伝え、俳優には「いつもの２倍のテンポでやってみてください」、照明さんには「窓外は遊びに出たくなるようなお天気に」と、明快ではあるけれど、イメージは各自で膨らませてくださいねというメッセージを、言葉を選んで伝えるわけです。撮影の現場は、毎日こうしたキャッチボールのくり返しで、想像以上のアイデアが飛び交って、活気に満ちています。

大河ドラマを担当すると、クランクインから制作が終了するまでの１

自分の考えをどう伝えるかが大事

年半は、1日も気が休まることがありません。ディレクターは現場で演出するだけでなく、撮影した映像の編集作業や、音楽や効果音をつけるダビング作業があります。他のディレクターが演出をしているあいだに自分の回の編集、ダビングを進めるといった自転車操業の毎日です。肉体的には非常にしんどい。でも、これだけ多くの人たちに喜んでもらえる仕事はそうそうないですから、やりがいはあります。視聴者のみなさんからメールや手紙で「感動した」「泣いた」「はげまされた」などの反響を山ほどいただきます。こんなにうれしいことはありません。

ドラマディレクターのある1日

10時	出社と同時に技術打ち合わせ。音響、照明などのスタッフと、今後の週の撮影をどう行いたいか、準備してきた資料をもとに説明する。
12時	昼食。
13時	美術発注。翌々週のスタジオでの撮影のための小道具などを発注する。
15時	時代考証の先生方と打ち合わせ。たとえば城内の儀式での重臣の並び順など、事細かに教えてもらう。
15時30分	リハーサル開始。場所はリハーサル室。時代劇は、特有の所作やしゃべり方などが大事なので、それをチェックする先生にも出席してもらう。
19時	終了。

※ただし、撮影の日では、10時半撮影開始だとして、その1時間半前にはセットにいて、終了が19時というわけにはなかなかいかない。

ドラマディレクターになるには

どんな学校に行けばいいの？

大学の映画学科や映像系の専門学校で学ぶケースもある。だが、別にそれが必須なわけではなく、ごく一般的な大学などを卒業し、放送局や制作会社に入社する人も多い。大学時代はサークル活動で自主映画の制作などをやり、卒業後に局に入ってドラマづくりをやっている、などということもある。

どんなところで働くの？

落ち着いて、ある場所にずっといるという仕事ではない。放送局内で打ち合わせをしていたかと思えば、ロケ現場に行き、またスタジオでの撮影を仕切り、編集室で編集作業をしたり、フットワークよく動きまわらなくてはならない。

働いている人に

放送作家

テレビ・ラジオ番組の
台本を書いたり、
アイデアを出す仕事。

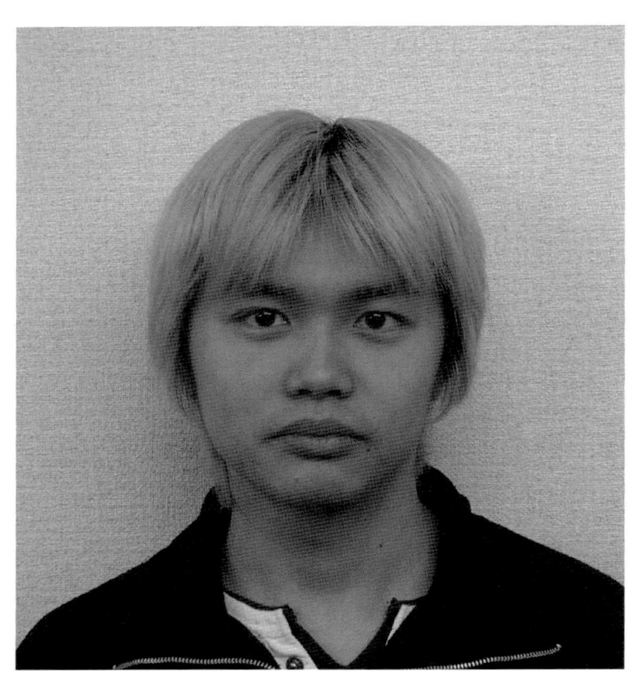

大悟法弘一（だいごぼうこういち）さん

放送作家

大学卒業後、放送作家の養成セミナーをへて、まず番組用の資料集めなどの仕事をする。
その後、先輩（せんぱい）放送作家の紹介（しょうかい）もあり、構成メンバーとしてバラエティ番組の放送作家をつとめるようになる。

放送作家ってどんな仕事？

広い意味ではドラマのライターも含めたりするが、通常は、バラエティ番組の台本づくりに参加する人たちをいう。クイズ番組のクイズをつくったり、番組に必要な資料集めなどをする「リサーチャー」をする。やがて、番組の会議に出席してアイデアを出したり、自分が台本を書いたりする立場になる。

まずリサーチャーから

テレビやラジオの番組で「作家」といえば、何種類かあります。たとえば、ドラマを書くシナリオライターの人たち。ドキュメンタリー番組のナレーションを書いたり構成をつくったりする人たち。それにバラエティの内容を考えたりする人たち。

ぼくがやっているのは、その３つ目。バラエティの放送作家です。

仕事内容としては、リサーチャーも、まだやっていますよ。ひとつの番組をつくるのには、いろいろな意味でリサーチが欠かせません。

もっともそれが必要なのがクイズ番組でしょう。たとえいい問題をつくっても、正解の部分が本当に正しいのかを、新聞や本をチェックして確認しなくてはいけません。インターネットのウィキペディアだけでは不十分ですからね。

そのほかにも、たとえばつぎの回のゲストに「犬のペットがいて、かわいがっているタレント」を使いたい、と決まったら、いったいだれがいちばんふさわしいか、調べなくてはいけません。番組で使う情報の年月日や個人名が本当に正しいか、確認する作業などもあります。

ネットだけでなく、図書館、雑誌のバックナンバーがズラリとそろっている大宅壮一文庫などに通って調べます。

放送作家としての仕事は、やはり会議が主です。まず全体会議があって、そこで、こんなコーナーをつくろう、とか、あのコーナーは視聴率が悪いから終わりにしよう、などが決められます。これは、だいたい週に1回。プロデューサー、ディレクター、作家が全員そろいます。

ぼくらのような若手は、そこで、コーナー企画を出して、それが通ったら、担当ディレクターと内容をつめたりします。こちらは不定期。突然、ディレクターから「新しいコーナーつくるんで、来てくれない？」と夜中に連絡があったりします。

番組は作家陣も分業制

今は、ひとつのバラエティ番組ごとに放送作家は数人、多い番組で10人以上ついていたりもします。テレビのテロップに「構成」と出てきますね。それがぼくらなんです。

経験豊富なベテラン作家とぼくらのような若手では、仕事の内容もちがってきます。若手の仕事は、前にも言ったような新しいコーナー企画を考えるほかにも、外でVTRをまわすロケ映像の部分の構成を考えて台本をつくったりもします。ぼくは、ロケに同行するのも好きなので、ロケ中に、出演者と打ち合わせをしつつ、「こんなコメントを言ったらおもしろいですよ」などのアドバイスもします。女子アナと打ち合わせ

番組のコーナー企画を考えます

ができたりして、けっこう楽しいんですよ。

スタジオ台本を書くのは、そこそこ経験のある中堅作家が多いですね。年齢からいうと30～40代くらい。このくらいの人たちがいちばんバリバリやっていて、番組を10本以上掛けもちしている人もいます。

またその上に、ベテラン作家がいるんです。もう放送作家を始めて30年以上、といったような人たちで、大物タレントやベテランプロデューサーとも付き合いがあるような、いわゆる「大御所」です。

こういうベテランが総合演出やチーフプロデューサーといっしょに番組のラインナップを決め、また、でき上がったVTRを見て「ここを残そう」「ここは切ろう」などとチェックを入れるのです。放送作家の世界も分業なんですね。

たまに、ぼくらも特別番組の仕事で作家が少ないときなど、ナレーション原稿を書いたりもします。ナレーションがまだ入っていないVTRが送られてきて、そこにかぶせる言葉を書いていくわけです。

もちろん新番組の企画も考えますよ。仲のいいディレクターから「この時間帯の企画を募集しているからいっしょに考えよう」と呼ばれて、ミーティングをしたり。簡単には通らないですが、だれでも自分の企画

スタジオ台本を執筆中

した番組を実現するのは夢ですからね。

強みと社交性が欠かせない

ぼくの場合でいえば、まずは子どものころからテレビが大好きで、とくにお笑い番組が大好きで、ヒマがあればずっと見ていました。

他人よりたくさんお笑い番組を見ているのも武器です。

放送作家になるのなら、かならずこの何らかの武器は必要になってきます。ナレーションを書くのがうまいか、アイデアが豊富か、料理とかスポーツとか、人並み以上にくわしいジャンルをもっているか。そこが、ぼくは「お笑い」なんです。

武器をもっていない作家をわざわざ呼ぶ番組はありません。

さらに欠かせないのが社交性です。小説家やシナリオライターのように、机に向かって黙々と書いている仕事ではありません。会議も多いし、プロデューサーやディレクターと仲よくならなくては仕事がきません。

だいたいバラエティの作家の多くは、しゃべりがうまいですよ。番組を盛り上げるためには、まず企画会議を盛り上げなくてはいけないわけ

オーディションにも立ち会います

ですから。

好奇心も不可欠になります。長く放送作家として働いてきている人たちは、一様にさまざまな情報をたくさん知っています。つねに「おもしろいことはないか」とアンテナを張っています。

外国でヒツジが泥棒して捕まった、などというマイナーなニュースもちゃんと知っていて、企画会議でしゃべったりします。また、それがキッカケになって、新しいコーナー案が出てきたりもするんですね。

そういう情報集めも、好きでやれる人でなくてはつとまりません。あとは、ムリして徹夜しても体を壊さないくらいに健康なことも大事です。

放送作家のある1日

12時	起床。ロケに参加するときは、朝早いときもある
13時	放送局で会議。単発の「特番」の企画会議。主要スタッフが参加している。
15時	同じ「特番」のコーナー会議。担当のディレクターと2人だけ。どんなロケ映像を入れるか、話し合う。
16時	他局へ移動。移動中に食事。
16時30分	かかわっているレギュラー番組のスタジオ収録。1時間番組を、1回で2本分撮る「2本撮り」。スタジオで見つつ、内容チェック。
21時30分	収録終了。
22時	レギュラー番組のコーナー会議。収録を見た上でさらにどう変えていくか、など話し合う。
24時	帰宅。食事などの後、コーナー台本を書いたり、番組用の資料をまとめたり、細かいデスクワーク。

放送作家になるには

どんな学校に行けばいいの？

定まったルートはない。今、放送作家として活躍している人たちも、学歴は千差万別。大学を出て、先輩の紹介で入ってきた人もいれば、放送関係の専門学校を出て、最初はADとして働いていたのが作家側に転向するケースもある。お笑い芸人出身で放送作家になる人も近年増えている。

どんなところで働くの？

会議は、だいたい放送局の会議室で行われるが、ディレクターと2人だけのコーナー会議などは、近所のファミレスで待ち合わせ、ということもある。ロケの撮影に参加することもある。台本も自宅で書いたり局で書いたり、さまざま。

働いている人に Interview! 7

ラジオディレクター（NHK）

ラジオ番組の現場で、
的確な指示を出し、
実際につくり上げる仕事。

渡辺幹雄（わたなべみきお）さん

NHK ラジオセンター
チーフディレクター

アナウンサーとして入局。和歌山（わかやま）、仙台（せんだい）をはじめ、地方局をまわるうちにディレクターとしての仕事もするようになる。現在はNHK ラジオ第1放送やＦＭなどで放送中の『ラジオ深夜便』のチーフディレクターとして活躍（かつやく）中。

ラジオディレクターってどんな仕事？

ラジオ番組を演出し、番組づくりの現場を仕切る仕事。だいたいは、まず自分の担当番組の中で、どんなコーナーをつくるか、どんなゲストを呼ぶかなど、企画会議を通した上で決定する。放送のスタジオでは、時間の経過を見ながら、出演者にさまざまな指示を送り、番組をコントロールしていく。

チーフディレクターは野球でいえば「監督」

ぼくの担当している『ラジオ深夜便』という番組は、ラジオ番組のなかでも、非常に特殊なものといえるでしょう。

まず、365日、休みなく放送しており、しかも、制作にかかわっている人たち、アンカーと呼ばれるしゃべり手とスタッフの多くが、じつはすでにNHKを退職したOB・OGなんです。現役の職員が5人、OB・OGが約30人。それで全体をまわしています。アンカーは10人のメンバーが交替であたります。一部は録音ですが、基本的には生放送なので、泊まりで放送をするスタッフや、企画を考えたり取材を行うスタッフもいます。

23時20分から明け方の5時までの長丁場なので、レギュラーコーナーの数はたくさんあります。それに単発の企画も入れますし、深夜にゲストの方にも来ていただく。そこで、ぼくの仕事の重要な柱として、企画会議でみんなに提案を出してもらい、どれを採用するか話し合って決定する、ということがあります。

番組には責任者のチーフプロデューサーがいますが、『深夜便』だけでなく、ラジオ全体の業務も担当しています。聴取者からの問い合わせにお答えしたり、ラジオ番組全体の交渉の窓口としての働きもあるので、番組の中身の細かいところは、ぼくも含めて、職員たちが手分けをして、打ち合わせたりチェックをしています。

収録に必要なスタジオをおさえたり、スタッフを手配したり、アンカーやスタッフとの連絡役をしたりと、全体のサポート役をやります。番組のスケジュール調整も、チーフプロデューサーと相談して、決めていきます。だから、日中はどうしてもデスクの前にいることが多くなりますね。

野球チームでいえば、プロデューサーが球団社長で、ぼくは現場の監督にあたります。多くのスタッフの意見・提案をまとめつつ、会社とのパイプ役にもなるわけです。

寝たい人は寝てもらってもOKの番組に

泊まり勤務もします。『深夜便』の場合、曜日ごとに担当が決まっているわけではなく、輪番制でやっています。ぼくは月に2、3日。OBのスタッフでも泊まりはあります。

だいたいは、話し手のアンカーが1人、それにディレクターや音楽担当、それにミキサー（技術者）の4人編成で放送にあたります。アンカーは1人でスタジオの中に入り、別室のディレクターの指示を聞きつつ、番組を進行させていきます。

「キュー出し」で収録がはじまります

泊まりのディレクターの仕事は徹夜なので体はキツイですが、アンカーもみんなベテランですし、録音したコーナーや、ナマの電話、音楽などがキチンと流せればいいですから、負担はそれほどではありません。例えば、企画を考えたり、出演交渉をしたりとか、録音部分の編集で、どの話を残してどこを切るかなど、事前の準備のほうが大変だし、むずかしいですね。

この『ラジオ深夜便』について簡単に説明させていただくと、スタートしたのが1990年。深夜番組としては後発です。すでに民放各局では若者向けの番組がたくさんあって、NHKだけが深夜はお休みだったんですね。ただし、民放と同じ若者向け番組をつくっても意味がない、NHKならではの、中高年向けの番組をつくろうと決まりました。話し手はベテランのアナウンサー、かける音楽もナツメロ、クラシック、インタビューもゆったりとした口調での会話にしたんです。

「寝たい人は、どうぞ寝てください」。これが『深夜便』のコンセプトなんです。若者向け番組のように寝た子を起こすような音楽やおしゃべりはやりません。リスナー（聴取者）には「眠れなかったらお付き合い下さい」ぐらいの番組でいい。

どこを残して、どこを切るか編集中

常識は日々変わっていく

出ていただくゲストも、有名人ばかりではなく、アンテナを広げてスタッフ、アンカーで「発掘」しています。最近の例ですと、たとえばある女性が、ご主人を亡くした後１人で、地方の、観光客の決して多くはないお寺に詣でてご自分の心を癒し、それについての本を出されたんですね。そのお話が感動的だったために、全国から何百件と、NHK に問い合わせが殺到したことがありました。

いい医師に巡り合えずに困っているがん患者にさまざまなアドバイスをする「がん難民コーディネーター」の方にご出演いただいたときも、反響はすさまじかったですね。がんで悩んでいる人やご家族がどれほど多いのかを痛感させられました。

とにかく NHK のテレビ番組、ラジオ番組のすべてのなかで、『深夜便』は視聴者からの反響の多い番組ベスト 10 に入っています。反響が早くて、しかも大きいのに毎回驚かされます。

番組の成功は、やはりターゲットを中高年に絞ったからだといえます。かかる音楽も、取り上げる話題もその層に特化させていますから。

デスクで番組のスケジュール調整もします

番組制作を通して感じたのは、常識は日々変わっていく、ということです。たとえば中高年のリスナーのみなさんだって、パソコンを使う方がどんどん増えています。あと5年もしたらパソコンで番組を聴く(き)リスナーが多数派になってくるかもしれません。

ターゲット外だった若者たち、中高生あたりまでが、番組イベントである「深夜便のつどい」に顔を出すようになったのも驚(おどろ)きですね。にぎやかな民放の深夜番組より『深夜便』のほうが好き、と語る若者は確実に増えています。

想定外のことが起きるのも、番組にかかわる醍醐味(だいごみ)のひとつでしょう。

ラジオ・ディレクターのある1日

「ラジオ深夜便」で泊まりになった日をピックアップして紹介する

10時	出社。番組取材費のチェックなど、事務的作業をする。
12時	昼食。
13時30分	全体会議。NHKの現役職員を中心に打ち合わせ。
15時	『深夜便』のスケジュール調整。予定表作成など。
18時	泊まり準備。使用するテープや構成表チェック。アンカーへの資料渡し。
19時	夕食。
20時	ナマの各出演者との連絡。時間確認など。
22時	テープの引き渡し、チェック。スタッフと打ち合わせ。
23時20分	本番。生放送に立ち会う。
5時	本番終了とともに、片づけ。
5時30分	帰宅。

ラジオディレクターになるには

どんな学校に行けばいいの？

決まったコースがあるわけではない。放送局に社員として入社するのなら、大学を卒業し、入社試験を受けて入るのがふつう。出身学部も別に問われない。ただし、ラジオ制作を専門にする制作会社もあり、こちらは放送専門学校をへて入ってきたり、他の業種からの転職などさまざまなケースがある。

どんなところで働くの？

通常のラジオ番組なら、スタジオ内で、話し手（パーソナリティ、アンカー）に指示を出しつつ番組を進行させていく。ただ、中継(ちゅうけい)担当になれば、中継(ちゅうけい)車で現場に向かい、そこでコーナーを仕切ることもある。もちろん局には専用デスクもある。

▶ 放送局にまつわるよもやま話

アナウンサーからディレクターになるのもアリ

放送局のなかでもっとも人気が高い職種といえば、アナウンサーだろう。

外部のプロダクションに所属しているアナウンサーもいれば、フリーで活動しているアナウンサーもいるが、社員アナウンサーの場合は、まず基本的に「アナウンス部」に所属している。だいたいは編成局の一部署であって、そこにデスクをもつ。

社員であるからには、どの番組を担当するかは、会社の方針によって決められる。「自分は報道番組をやりたい」と思っていても、この人間にはバラエティのほうに適性がある、と判断されれば、バラエティ番組を中心に活動することもある。

また、もっと極端（きょくたん）な例としては、アナウンサーとして入社したのに、番組ディレクターやプロデューサーになってしまうことも少なくない。

Chapter 4

番組制作を支えるためにどんな人が働いているの？

番組制作を支える仕事を

放送局に行けば、じつにさまざまな形で
番組づくりを支える人たちが出入りしている。
出演者とそのまわりにもいれば、セット作りや
小道具を担当している人たちもいる。
舞台裏で番組をつくるために働いているんだ。

出演者が集まるタレントクローク

かもめテレビ２階には、出演者たちが集まるタレントクロークがある。そこには入り口に受付があり、出演者はそこで、各自の控室のカギをもらうのだ。

斎藤さん「入り口に、今日入ってくるタレントさんの名札が下がっているのね」

高橋くん「あ、女優の○○ちゃんも来るらしい。どこだ、どこだ？」

斎藤さん「ほら、そんなにはしゃがないの」

受付担当「ここで、マネージャーの方か、ご本人が控室のカギをもらったら、奥のほうにある控室に入っていくんですよ」

さっそく控室のほうへ向かった２人。

斎藤さん「細かく何十も仕切られた部屋があるんですね。それで、入り口の前にも、その日に使う人の名前が貼ってある」

受付担当「空いている部屋の中に入ってみますか」

高橋くん「はい、もちろん」

斎藤さん「へえ、和室になっているんですね。出演者の人たちがここでくつろげるようになっているんだ」

受付担当「出演者のみなさんは、まず収録前に入っていただいて、この部屋か、**タレントクロークのロビーなどで番組のスタッフと打ち合わせをします**。ディレクターが来て、今日はこういう内容なので、こんなトークをしてください、とか。それで、バラエティの場合などは２本撮りが多いので、１本目と２本目の収録の合い間はここで休みますね。あとは、台本を読みつつ、つぎの撮りで何をしゃべるか考えたり、お弁当を食べたり。ドラマでは、もっと撮影のあいだの待ち時間が多くなっているので、待機している時間も長くなっていきます」

斎藤さん「着替えもここでするんですか？」

受付担当「バラエティでしたら、ここにスタイリストが『この衣裳でお願いします』と持ってきて、そのまま着替えることが多いです。ただ、

出演者は台本を読みながら待機

番組制作を支える仕事をイラストで見てみよう

美術デザイナー
美術
衣裳部屋
衣裳担当
スタジオ
メイク室
メイク担当

ドラマの、それも和服に着替えたりする場合は衣裳部屋に行きます。じゃ、そちらにご案内しましょう」

衣裳部屋はいつも大にぎわい

タレントクロークから、長い廊下を歩き、1階のスタジオのすぐそばにある衣裳部屋。そこには、ハンガーに何十種類もの衣裳がかけられ、それも和服から洋服までさまざまだった。

斎藤さん「スタジオのすぐそばなのは、意味があるんですか？」

衣裳担当「ひとりはかならず収録に立ち会いますが、ほかの人間もモニター画面で収録中の様子を見るでしょ。それで、ボタンがはずれた、などの場合に、**すぐに道具を持って直しに行けますからね**」

高橋くん「どうしてもドラマの仕事のほうが多くなるんですか？」

衣裳担当「やっぱりね。いわゆるトーク番組や情報番組だと、衣裳からアクセサリーなども合わせて、最新ファッションを肌で知っているスタイリストさんのほうが感覚的にフィットするわけですね。しかし、たとえば時代劇をやるようなときは、私たちのように衣裳全般の知識を

もち、着付けもできる人間でなくちゃ無理なんです。ある意味、分業制になります」

斎藤さん「現代劇のドラマは担当するんですか？」

衣裳担当「ドラマならば、だいたい私たちがやります。プロデューサーやディレクター、それに俳優さん本人と打ち合わせをして、こういう衣裳にしましょう、と決めていくわけですね。**演出側の意図を考えて、それに合った衣裳をそろえる**なら、私たちのほうが慣れていますから」

高橋くん「いいなぁ、いつも有名な俳優さんといっしょに仕事ができるんでしょ？」

衣裳担当「本当にこの仕事を始めたら、そんなのんびりしたことは言えません。収録中なんて、とにかくいそがしいんだから。俳優さん一人ひとりに衣裳を渡して、和服の人がいたら着付けもして、それで、収録のあいだもつぎに撮るシーンの衣裳を準備。休憩中だって、この部屋でみんなどんどん衣裳替えをするんですから、衣裳部屋は大にぎわいです」

斎藤さん「衣裳係の人の休憩は？」

衣裳担当「ろくにありませんよ。スタッフが合わせて３人いるとしたら、食事も１人ずつ代わりばんこにするくらい」

高橋くん「そんなにキツくても、やりがいはあるんですか？」
衣裳担当「自分が選んだ衣裳が、テレビ画面を通して何百何千万人の眼にとまるんですよ。衣裳好きとして、こんなにやりがいがある仕事はありませんよ」
高橋くん「衣裳の仕事も、テレビ局の社員になって始めたんですか」
衣裳担当「いいえ、私たちのなかに局の社員はいませんよ。もっと別な、衣裳専門の会社に入って、そこから派遣されてくるんです。私たちだけじゃありません。メイク担当の人たちもみんなそう」

メイクアップはテレビカメラを意識して

衣裳部屋のすぐとなりがメイクアップ用のスペース。鏡がずらりとならんでいて、そこでメイク担当者たちが出演者の顔やヘアのメイクアップを行う。
斎藤さん「メイクが必要なのは、ドラマだけなんですか？」
メイク担当「どの番組でも、メイクは必要です。もちろん、**時代劇のときは濃いめのメイク、トーク番組などに出演する場合は、できるだけ自然に見える薄めのメイクが多い**、など、あるていどの

タレントクローク

テレビ局ではどこも「タレントクローク」というが、要するにタレントが控える「楽屋」のことだ。

入り口には、だいたい受付とロビーがあり、その日、収録予定のタレントの部屋割り一覧表がある。入っていくと、左右に細かく仕切られた20～30もの部屋が並んでいて、番組関係者が部屋割りをする。大物タレントの中には、必ず、この部屋、と指定がある人も少なくない。内部は和室と洋室とがあり、極力、希望に合わせてどちらか決められる。

もっとも、タレントならいつもここに控室があるとは限らず、出演者の多い特別番組を収録するとき、あるいは若手でまだ無名のタレントの場合などは、会議室などに何人かまとまって入る、というケースもよくある。

傾向はあります」

高橋くん「じゃ、ニュースのキャスターもメイクするんだ」

メイク担当「当然ですよ。より親しみやすく、視聴者のみなさんに好印象をもってもらうためには一定のメイクは欠かせません」

斎藤さん「ふだんのメイクとテレビのメイクで、ちがいはあるんですか？」

メイク担当「たとえば頬紅って化粧品がありますよね。チークともいうけど。あれも、ふつうに使うようなものを入れても、撮影用の強い照明が当たると、色が飛んでしまったりするんです。ファンデーションでもなんでも、同じ。**メリハリのきいた、やや強めのメイクをしていかないと、テレビには向かないですね**。だから、肉眼じゃなく、いつもレンズを通すとどう映るんだろう、と計算しながらメイクしますよ」
高橋くん「やっぱりメイクっていえば女のコのものだから、女性の出演者のほうが何倍もメイクに時間がかかるんでしょ」
メイク担当「そうとも限りません。**じつは男性のほうがメイクはむずかしい**こともあります。あまりメイクに慣れていない方もいますし、自然にキッチリと仕上げるために試行錯誤の時間が長くなったりもします」
斎藤さん「有名な女優さんのメイクをするときは、やはり緊張しますか？」
メイク担当「いいえ、その点はあまり問題ないんです。じつは、トップクラスの女優さんやミュージシャンになると、専属のメイク担当がついていることが多いんです。そうでなくても、この局ならこの人にお願いする、とほぼ担当が決まっています。いつもやっている人なので、心が許し合えるんですね。注文も気楽に言えるし、メイクの最中の会話もは

男性のメイクのほうが 難しいことも

ずみます。まさか、新人さんに、いきなり大女優のメイクをやってくれ、なんてありえませんよ」
斎藤さん「専属になるためにはどうしたらいいんですか」
メイク担当「これはもう、その女優さんに認めてもらうしかないでしょう。**メイク用品や最新のメイク情報にくわしくて、しかもセンスがよくなくてはいけません**。ヘアメイクでは、テレビでも知られるカリスマ美容師だったりすることもよくあります」
高橋くん「そういう人は、美容室からわざわざテレビ局についてくるわけですか？」
メイク担当「ええ。ここで働いている人間は、だいたい美容関係の専門学校を出て、美容系の会社や、資格をとって美容師になっていることが多いんですよ。つまり、純粋(じゅんすい)な専門職。女優さんが気に入れば、美容室につとめている人も来ます」
斎藤さん「自分のメイクがテレビに映るのは、やはりうれしいですよね」
メイク担当「うれしいより、緊張(きんちょう)の連続です。チークの入れ方ひとつで、本当に番組を台なしにしかねないこともあるわけですから」

美術スタッフは不眠不休？

スタジオにつづくところに、番組のセットや小道具などを置く倉庫スペースがある。そこで働くのが美術スタッフだ。

高橋くん「すごいなぁ、人形とか、セットの背景に使う柱や板とか、いろんなものがキチンと、すぐ持ち運びできるように置いてある」

美術スタッフ「セット作りは時間とのたたかいだからね。少しでも短い時間でスタジオに運び入れなくてはならないんだ。とくに前の番組のセットを撤収(てっしゅう)して、つぎの番組のセットを建てこむときなんかは、もうこの倉庫とスタジオのあいだは戦争だね。ここに保管したセットを、ときにはたった２〜３時間くらいのあいだで運んで、しかも完成させたりしないといけないから」

高橋くん「そこに置いてある脚立(きゃたつ)も、大きいですね」

美術スタッフ「**５メートル近くあるからね。このくらい高くないと、セットは建てられない**。けっこう高いんだ」

斎藤さん「セット作りは、どうやって行われるんですか？」

美術スタッフ「最初はまず、美術デザイナーが図面をつくる。それぞれ番組に合った色とか、季節感を出すとか、じっくりとプランを練った上

美術デザイナーがプランを練った上で図面をつくる

コラム タイムキーパーとミキサー

放送業界では、まさに「時は金なり」。放送時間はあらかじめ決まっており、その中にしっかり番組をおさめなくてはならない。ナマ放送ではもちろん、VTR収録でも、どこでどれだけ時間がかかったかを計測し、記録に残す役割が必要になる。それがタイムキーパーの仕事だ。

また、テレビは映像だけでできているわけではない。人の声や音楽、物音など、いろいろなものがまざり合っている。これをバランスよく調節するのがミキサーの役目だ。たとえばマイクひとつにしても、中継(ちゅうけい)現場ではどんなものを使えばよりうまく全体の音が拾えるか、などと慎重(しんちょう)に選ばれる。音だけのラジオでは、その役割はもっと重要になっていく。

でね。それにそって、**各部分が作られていって、倉庫に運びこまれる。そして、倉庫からスタジオに持ちこまれて、そこで一気に組み立てていくわけ**。うっかり事故でも起きたらたいへんなので、注意深く、しかしスピーディーにが基本だな。同じセットをまたつぎに使うから、撤去(てっきょ)のときも慎重(しんちょう)にやらないといけないから、神経使うよ」

斎藤さん「事故の予防のために気を使ったりしていることはありますか」

美術スタッフ「まずは運びこんだり、運びこむときのための通り道の確保だな。いっぺんに２つの番組のセットを作るときなんかは、出入りだけでも大混雑なわけ。そういうときに接触事故が起きたりするのが怖い。だから、倉庫の中も、少しでも効率よく全体が出し入れできるように、整理には気を配ってる。あとは、足。クギを踏んだりすることはよくあるから、履き物はしっかりしたものにしないとな」

高橋くん「セットの建てこみをすれば、仕事は終わりですか？」

美術スタッフ「一段落はするが、終わりじゃない。**セットを電球やイルミネーションで飾る電飾の仕事や、セットの中のテーブルや壁掛けを飾ったり、必要な道具を準備する小道具の仕事や、花などを飾る装飾の仕事とかがある**。これは、専門の担当がいるわけだけど、美術スタッフはみんな手伝う。そういう全部が終わって、ようやくセット完成だな」

高橋くん「そこでやっと、仕事はおしまいですか？」

美術スタッフ「残念ながらまだあるよ。番組の収録が終わるでしょ、そこからセットの撤去さ。つぎの番組のセットを作るためにスタジオを空っぽにした上で、掃除までしないといけない。場合によっては、その日のうちに、つぎのセットも組んだりするし、昔は、丸１日、ほとんど寝ないでの作業、なんてこともあった」

セットを建てた後は小道具・電飾・花などを飾る

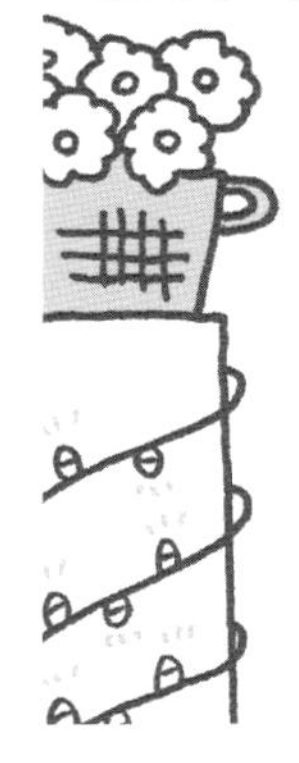

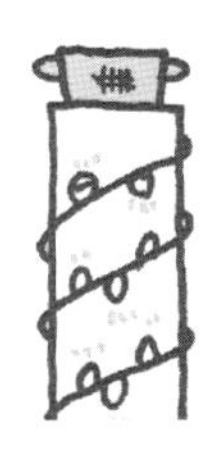

斎藤さん「体に悪くないですか？」
美術スタッフ「大丈夫（だいじょうぶ）なんじゃないの。好きでやってる人が多いからみんな、自分たちの作ったセットをたくさんの人が見てくれているのがうれしいのさ」
斎藤さん「美術スタッフもテレビ局の社員ではないんですか？」
美術スタッフ「そうだね。ごく一部、美術プロデューサーとかデザイナーは社員のこともあるけど、ほとんどは外部から来ている。ミュージシャンや役者をやっている人が、生活費を稼（かせ）ぐためにアルバイトで働いていたりすることもあるよ」
高橋くん「じゃあ、セットを組んでいた人が、何年か後には、出演者としてテレビに出てくることもあるんだ」
美術スタッフ「うん。ありえるな」
斎藤さん「倉庫だけ見ると、まるでどこかの工場みたい」
美術スタッフ「たしかにそう。よく昔、映画の撮影（さつえい）所は夢をつくる工場って言われていたけど、だったテレビの撮影（さつえい）現場だって同じじゃないかな。番組というひとつの夢を完成させるための工場さ。もっとも、つぎからつぎへと新しい番組の収録が入るから、夢を見ている時間はあっという間だけど」

働いている人に

衣裳担当

番組出演者の衣裳をそろえ、
着付けや補正などもする
衣服のスペシャリスト。

杉山正英さん

東京衣裳
映像事業部
NHK営業室室長

東京衣裳株式会社に入社し、フジテレビのトレンディドラマやバラエティ番組の衣裳を担当する。その後、担当がNHKに移り、朝の連続テレビ小説を手がけるようになる。2010年の『ゲゲゲの女房』も担当した。

衣裳担当ってどんな仕事？

ドラマやバラエティで使用する衣裳をプロデューサー、ディレクター、出演者自身の意向を聞きつつ選び、そろえていく。和服などについては、着付けも行う。丈が合わなかったりすれば、別の布地を入れて補正するなどの作業もある。撮影中は、つねに衣裳替えのためにスタンバイしていなくてはならない。

朝の連続テレビ小説は1年がかり

後輩たちにバリバリ仕事をやってもらわないといけないので、『ゲゲゲの女房』については、50代のぼくはもっぱらフォロー役。30歳のチーフ、20代の女性がいて、ぼくと3人でチームを組んでいます。

中心になるのはチーフで、ぼくはそれほど口出ししません。おもにベテラン女優たちが着る和服についてアドバイスをしたりしています。

たとえばヒロインの祖母役で出演する野際陽子さんについて、年をとるにつれて、背中に綿を入れて、背中が曲がっているように見せようとか、服の生地は昭和初期のこういうものがいいよ、とか。

最初の舞台になる昭和初期といえば、もはや時代劇ですから、なかなかピッタリと合うものがないんです。それで和服なら鎌倉や浅草、川越の着物の古着屋に、時間が空いたら顔を出してみたりします。洋服もほとんど残っていません。馬喰横山のような問屋街から、当時の生地を買ってきて、わざわざ仕立ててもらったりもします。

朝ドラ（朝の連続テレビ小説）でいえば、『ゲゲゲの女房』のような3月末スタートのドラマなら、まず前の年の7月ごろにヒロインが決まります。それから主要キャストがだんだんに決まっていって、衣裳合わせは9月くらい。衣裳、メイク、ヘアなどはこのあたりで決まっていきます。だいたいはディレクターが前もって、「こんなイメージで」と提案したものに、ぼくらや、出演者の意見も入って決まっていきます。

撮影に入るのが10月末くらいから。終わるのは翌年の8月くらい。

放送は半年ですが、撮影についてはほぼ１年近くやっているわけですね。その間、現場で着付けもしなければならないですし、７月にはつぎの朝ドラの企画が立ち上がっているから、１年間、完全なオフはありません。

休むヒマもない撮影中

それは、やっぱり衣裳に神経質なのは女優さんでしょう。たとえ帯ひとつにしても、「私はこういうものを締めたい」と細かい注文がきます。昭和の中ごろにあった、細くて、渋い赤の帯がほしい、なんて言われても、急にはありません。結局、古着屋に行きます。要望にピッタリのものが見つけられたときは、うれしくて多少高くても買います。

女優さんの場合、自分の気に入った衣裳を着ると、芝居が気持ちよくできるんでしょう、表情も生き生きしてくるんです。だからぼくは一度、仕事でごいっしょさせていただいた女優さんの好みの色や形は頭にしっかり入れておくようにしています。打ち合わせでポツリとそれを言うと、ディレクターも「杉ちゃん、さすがだね」とホメてくれます。

男優さんは、どちらかといえば大ざっぱな人が多いですね。あまり細

女優さんの着付けも担当します

かい注文が来ることはありません。

撮影のまっ最中は、落ち着いてタバコをすうヒマもないですね。だいたい、ドラマの撮影は、放送のときの順番どおりに撮っているわけではないでしょ。たとえば家の「玄関」のセットを作って、玄関を使うシーンをいくつかまとめ撮りして効率アップをはかるんです。だから、ひとりの人物が、いつも同じ衣裳で玄関を出入りするのはおかしいでしょ。日々着替えるし、夏冬でもまったく玄関は変わるし、履き物だって変わります。このシーンごとの衣裳替えに付き合うだけでも目がまわるようないそがしさです。

衣裳部屋で、撮影中の映像が流れるモニター画面を見つつ、つぎのシーンの準備作業をしています。スタジオにもちょくちょく行きます。時間がぎりぎりで、そこで着替えをしてもらわなくてはいけないこともありますから。

洋服はだいたい出演者自身で着てもらいますが、女優さんの和服は、前も後ろも、ほぼ衣裳担当が着付けをしますね。襟の形ひとつでもイメージが変わったりするので、より慎重を期す必要があります。

マメに体を動かせる人でないと、とてもできる仕事ではありません。

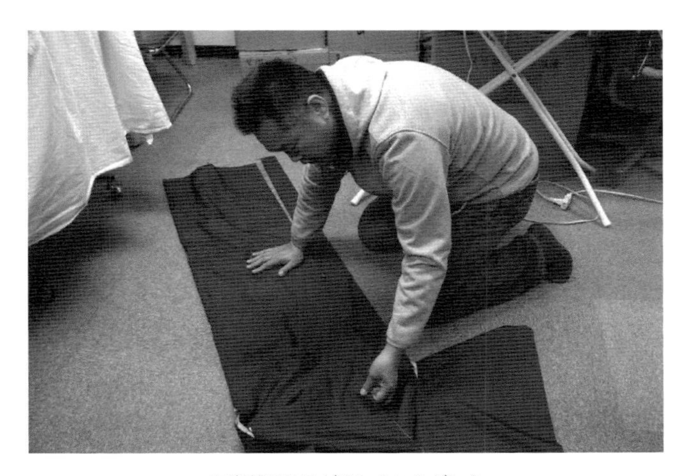

衣裳替えは目がまわるいそがしさ

衣裳を探すのが楽しい人

結局、最後は自己満足の世界なのかな、とは思います。たとえば、昔の人は、ひとつの着物でも、それが体に合わなくなると、一度ほどいて、仕立て直して着ます。やがて、それでもボロボロになると、座布団にしたり、枕にしたりする。そこでぼくも、ドラマの中での時間経過として、最初は着物として使った生地を、何年かたった設定のところで座布団にして出したりします。

ほとんどの視聴者は、そこまで気にしてはくれません。しかし、どこかでかならず見て感心してくれる人がいるんです。そこが仕事の張り合いでしょうか。

それと、俳優さんに「衣裳、よかったね」とひと言もらえるのがうれしいです。西田敏行さんなんかは、「ぼくは杉山の衣裳センスが大好き」と言ってくれるし、草笛光子さんもぼくの着付けの腕を信頼してくださって、よく呼ばれます。『紅白歌合戦』の司会をした中居正広くんの白紋付きの着付けをしたこともありました。

ただし、仕事がいちばんいそがしいしいときは、連日、睡眠は仮眠室

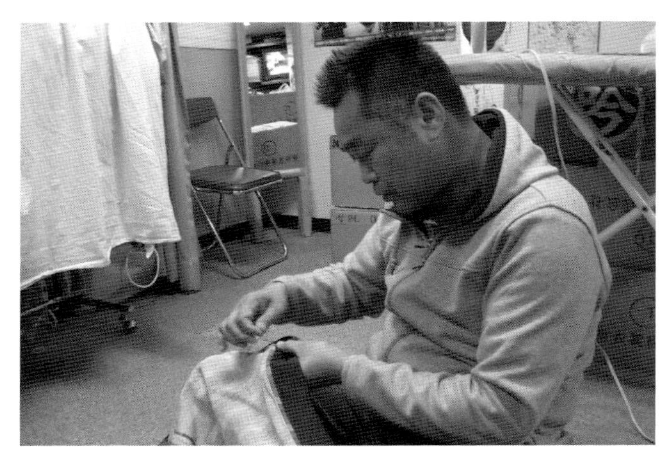

古くなった服は仕立て直します

で3時間、なんてこともめずらしくありません。

有名な俳優さんに会える、キレイな衣裳に囲まれて過ごせる、そんな気持ちでこの世界に入ってくる人は今でもいます。だけど、それだけじゃ続かないですね。

昔は先輩も厳しかったですよ。よく怒られたし、殴られるのも覚悟しなくてはいけないくらいでした。今は先輩のほうが気を使っている。

古着屋に行くでしょ。そこで、衣裳を探すのが楽しくてしかたなくて、しかも、「この人にはこんな衣裳を着せたいな」というイメージがつぎつぎとわいてくる、そういう人が合っていると思いますよ。

衣裳担当のある1日

7時	衣裳部屋入り。ラックや段ボールの中にあった衣裳などを出して、着付けにとりかかれる態勢をつくる。
7時30分	俳優が入ってきて、衣裳チェックを行う。順番にどんどん着付けも進めていく。
9時	撮影スタート。衣裳部屋でも、シーンごとの衣裳替えで、出演者がひっきりなしに出入りする。
12時30分	食事休憩。しかし、衣裳部屋は休まない。衣裳替えの合間に、交替で食事に行ったりする。
13時30分	撮影再開。つねにつぎのシーンを想定して、そこでの必要な衣裳も準備しておく。
18時	食事休憩。やはり、衣裳替えなどのため、食事も交替制。
24時	ようやく撮影終了。だが、衣裳部屋では後片づけや翌日の準備が続く。
2時	帰宅。しばしば局の仮眠室で眠る。

衣裳担当になるには

どんな学校に行けばいいの？

服飾系、ファッション系の専門学校でデザインや洋裁などを学んで衣裳会社に就職するケースが多い。時代劇などの和服を担当する場合も、専門学校で和裁から洗い張りなどの和服ならではの特殊技能を身につけるといい。また、美術系の大学のデザイン学科などをへて、やってくる人たちもいる。

どんなところで働くの？

撮影用のスタジオにすぐ直結している衣裳部屋が、おもな職場となる。外部から購入、ないし借りてきた衣裳を集めておき、そこで出演者に着てもらう。しばしばスタジオにも衣裳チェックのために顔を出す。

働いている人に Interview! 9

美術デザイナー（NHK）

番組内容に沿って、
より美しく、かつ機能的に、
放送のための舞台（ぶたい）空間をつくる。

森内大輔（もりうちだいすけ）さん

NHK　放送総局
デザインセンター
映像デザイン部

放送用の舞台（ぶたい）美術から、番組のロゴマークのデザインまで、ビジュアルに関するあらゆる業務を担当している。おもに音楽番組が多く、3年連続で『紅白歌合戦』を担当し、2009年にはみずからの設計でステージを作った。

美術デザイナーってどんな仕事？

総合演出（いわば番組の監督）をするディレクターなどと打ち合わせをしながら、ステージをどうデザインすれば、より出演者のパフォーマンスがあざやかに美しく見えるか、人の出入りがスムーズに行えるか、などを考える。音楽番組においては、一曲ごとに美術プランを変えていったりもする。

『紅白歌合戦』を裏から支える

ぼくの仕事を紹介するとしたら、やはり『紅白歌合戦』を例にとるのがいちばんわかりやすいと思うので、『紅白』にそって話していきましょう。ちなみに、2009年の『紅白』でいえば、デザイナーはぼくを含めて３人で、ぼくがそのチーフをつとめました。

動きだすのは９月下旬くらいです。それまではぼくも総合テレビの音楽番組『MUSIC JAPAN』などの別の仕事をやっていますが、『紅白』が動きだすと、それに専念します。

まず、総合演出のディレクターと打ち合わせをして、その年はどんなコンセプトで舞台づくりをするかを決めていきます。09年ですと、テーマは「歌の力∞無限大」で、世代を超えてさまざまなジャンルの楽曲が混じり合うようすをより強調したい、とのことでした。そこでぼくのほうが考えたのが「最初から最後まで、ひとつのコンサートを観ているように設計する」でした。J-POPも演歌もすべてがミックスされたコンサート、ということです。

さっそく思いついたのが、ステージそのものを３階建てにして、階段を使って自由に上下を行き来できるものでした。お店でいえば「魚屋さん」や「八百屋さん」ではなく、いろいろな売り場がある「デパート」ですね。１カ所のステージだけで、ずっと入れ替わり立ち替わりで歌っていただくのではなく、人の動きをつくることでシーンを転換する働きもあります。

この設計に１カ月近くをかけて10月中旬くらいには図面を作りはじめます。しかし、ただ「美しさ」だけを追って作っていくのは『紅白』の場合はむずかしいのです。ステージ上の人の出入りもバックダンサーを含めれば何百人単位でいるでしょう。会場のNHKホールの、3000人のお客さんはもちろん、レコード会社の関係者をはじめ、裏側にも数千人の人たちがいます。舞台転換もいくつもあります。それをすばやく処理するステージにしなくてはいけないんですね。

ステージづくりのプランを決めたら、それを50分の１の模型にも組んでいきます。模型の完成は12月になってしまいますね。

直前は、ほぼ不眠不休

11月も中旬を過ぎれば、あるていど今年はこんなアーティストが出て、この曲を歌うであろう、と予測が見えてきます。そうなると、今度は曲ごとのアイデアを考えなくてはいけません。この作業は、12月に入って、実際に出場アーティストの曲目が発表になったあとさらに進んでいきます。とにかくぼくらの職務は、「つつがなく、美しく、番組が

ステージ横の操作盤で打ち合わせ

進行すること」。

　そのために、一方では、照明担当の人と相談して、どのアーティストにどの色を使うか、大道具担当の人と相談して、セットはどう変えるか、なども決めていかなくてはなりません。また、総合演出のディレクターと、番組構成についても話し合わなくてはなりません。

　あるアーティストは、大きな場面転換を予定したため、その前のアーティストのセットを、スムーズに入れ替えられるよう考え直したり、100人のバックダンサーが登場するシーンをつくるために、セットのサイズを少し小さくしよう、とか、細かい直しはいろいろ出てきます。また、構成上の注文をつけることもあります。たとえば、(時間がかかる)大きな場面転換の前に、時間を稼ぐため「そこで外からの中継を入れてください」と頼むとか。音声担当の人と、スピーカーをどこに置くか、などで打ち合わせをしたりもします。

　ようやく大道具も搬入して、セットの位置も決まり、照明などもほぼ決まるのは12月も28日ぐらいでしょう。このあたりまでの最後の1週間は、あまり寝ないで、総合演出や照明スタッフ、デザイナーの仲間たちなどと打ち合わせをしたり、プランを変えていったりのくり返しで

セットを組む作業者に指示を出します

す。

ようやく一段落するのが、リハーサルが始まる29日。ここからは照明やセッティングの微調整をするくらいですね。

31日の本番当日は現場に立ち会うだけ。すでにぼくたちの仕事は終わっています。

奇をてらわずに美しく

『紅白』に限らず、テレビにおける美術デザイン全体にいえることなんですが、ぼくらの仕事は、まず奇をてらってはいけないんですね。

星が出る曲であれば、きちんと星を出す。かわいい子どもたちが出るシーンなら、照明やセットもかわいらしくして、カッコよさが売り物のアーティストなら、カッコいいものにしなくてはいけない。

とくに『紅白』は日本人の約半分近くが見ているわけです。それだけ数多くの視聴者を相手にしていたら、みんながわかるものでなくてはいけません。でも、そこに自分なりの工夫が入っていなくてはいけないのです。

組まれたセットの強度を背後から確認

09年の『紅白』を例にとれば、ぼくは、演歌のセットを山や竹を使うようなオーソドックスなものにするのはやめようと考えました。若い人にも演歌の良さが伝わるように、逆にわざとモダンなセットを置いてみたりしたのです。

最初は、ただたんにステージのセットのデザインをするのが自分の仕事だと考えていました。しかし、実際は、歌、ないしはアーティストの方々をどうあざやかに、美しく見せるようにするか、なんですね。

美術デザイナーのある1日

10時	出社。メールのチェックなど。
10時30分	『紅白』の総合演出と打ち合わせ。曲目ごとにどんな演出をしたらいいかの確認。
12時	昼食。
13時	照明、カメラマンとの、曲目ごとの、どう見せていくかの打ち合わせ。
15時	大道具担当と、ステージ空間の使い方についての打ち合わせ。
17時	外部の映像プロダクションスタッフとCGや映像関連の打ち合わせ。
18時	夕食。
19時	つくった図面をもとに、ステージの模型製作。そこに舞台監督、美術スタッフ、さらには総合演出や照明、音響スタッフなど、さまざまな人たちが来て、打ち合わせを行う。
深夜	帰宅。

美術デザイナーになるには

どんな学校に行けばいいの？

どちらかといえば、美術デザイナーになるのは美術系出身者か、理系出身者が多い。美術大学のデザイン科を出るとか、理系でいえば、大学の建築科で、建築物の設計を勉強するとか。また、情報メディア関連の学部や専門学校で、デザインやCGの勉強をしてくる人もいる。

どんなところで働くの？

放送局の中では、美術関係の特別なセクションがある。自分のデスクでデザインなどのデスクワークを行いつつ、必要とあれば、自分たちがステージのデザインを担当するホールや、スタジオにも出向いていく。ほかのセクションのスタッフとのミーティングも多い。

▶ 放送局にまつわるよもやま話

民放キー局だけの部署・ネットワーク担当

テレビ局の部署のなかでも、とくにほかの業種にはないめずらしい部署といえるのがネットワーク局だろう。それも、ほぼ民放のキー局だけに存在する。

いわゆる全国各地の系列ローカル局の窓口になり、さまざまな形での共同作業を行っているところと考えればいい。

その内容はいろいろだ。系列局とネットしている番組の編成や、それをどうスポンサーに売るかなどの調整から、キー局で行うイベントへの系列局への参加要請(ようせい)、キー局と系列局で行う会議のセッティングなどやっていることは数多い。日本テレビ系の「24時間テレビ」など、キー局から系列局まで、全体をあげての番組をつくるときにも、調整役として活躍(かつやく)する。

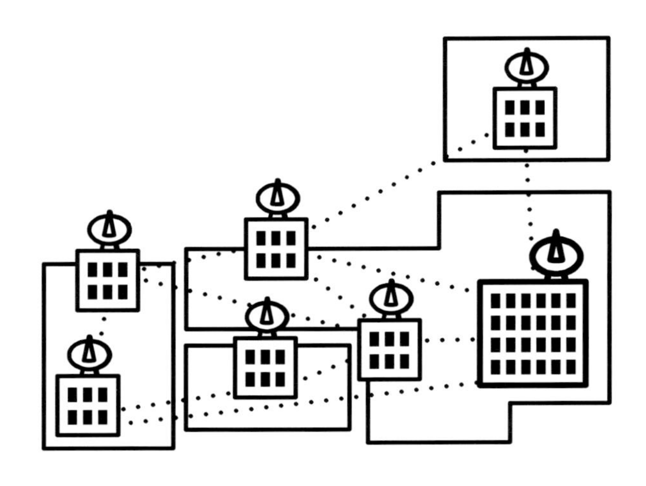

▶ 放送局にまつわるよもやま話

準キー局の力はあなどれない

東京の日本テレビ、TBSテレビ、フジテレビ、テレビ朝日、テレビ東京を「キー局」というのに対し、地方の系列局は、通常「ローカル局」と呼ばれる。

ただ、そのなかで特異な地位を占めているのが、「準キー局」と呼ばれる大阪のテレビ局だ。日テレ系ならよみうりテレビ、TBSは毎日放送、フジなら関西テレビ、テレ朝なら朝日放送、テレ東ならテレビ大阪と、それぞれつながっている。

いわゆるローカル局が、ゴールデンタイムと呼ばれる19時から22時のあいだの、もっともテレビを見る人が多い時間に、おもに東京発の番組を流しているのに対し、準キー局は多く独自で制作した番組を流し、また、全国放送の番組も数多く制作している。

大阪には、東京とはちがう独自の文化があり、テレビ番組を見ても、そのちがいはよくわかるだろう。

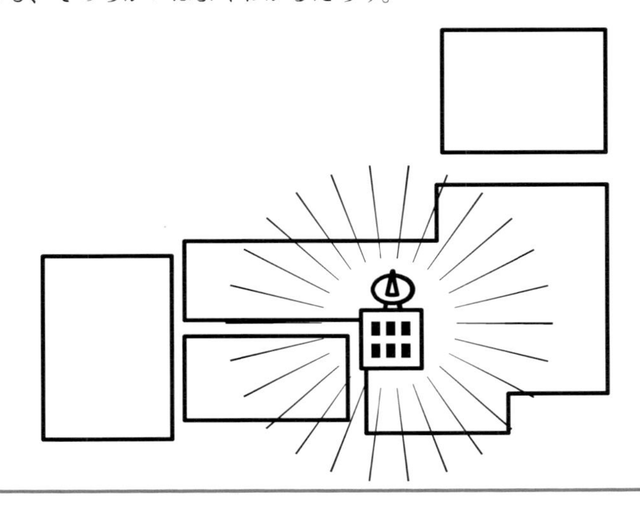

▶ 放送局にまつわるよもやま話

radikoでラジオ復権か？

戦前から、長くメディアの主流を歩いていたラジオがテレビの出現によって、あっという間にトップを奪われてしまったのが昭和30年代。それ以降、若者向け深夜放送の隆盛などもあって、時として脚光を浴びることはあったが、どちらかというとマイナーなメディアのイメージが強かったラジオ。

だが、平成に入って、少しずつ復権の動きが出てきた。たとえば、2011年の東日本大震災においても、災害時の情報メディアとしてはラジオに勝るものがないのが再認識された。

インターネットラジオの出現など、放送システムの多様化も目立ち、2010年には地上波ラジオ放送をインターネット配信する「radiko（ラジコ）」も東京と大阪で試験的に開始され、ラジオには新たな可能性がひらけている。

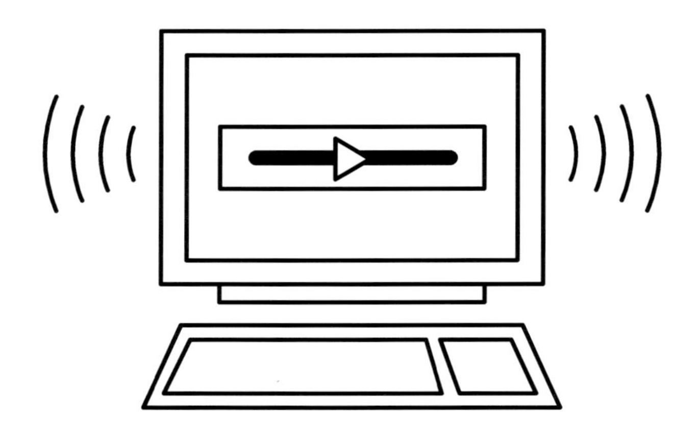

Chapter 5

放送を支えるために
どんな人が
働いているの？

放送を
支える仕事を

番組を売る、あるいはイベントを売るといった、
放送局の収入を確保する仕事をしているのが
営業局・事業局の人たちだ。
彼（かれ）らはいったいいつも
どんな仕事をしているのだろう？

営業には外勤と内勤がある

放送局、ことに民放にあっては、やはりスポンサーからの広告収入が収入全体の中心になる。このお金がなくては番組をつくることもできない。つまり「番組をセールスする」仕事をしているのが営業局なのだ。

かもめテレビでも、全収入の80％近くはスポンサー収入だ。

高橋くん「オフィスの中は、ふつうの会社とあまり変わらないですね」

営業局員「営業という仕事自体は、どこの会社にもあるし、見た目はそんなには変わるものじゃないです。ただ、その内容はだいぶちがう。ふつうの会社なら、でき上がった製品を売るでしょ。しかしテレビ局の営業は、おもに**これからできる予定の番組を売ります**」

斎藤さん「できてないものをどうやって売るんですか？」
営業局員「基本的には企画書です。それに出演する予定のタレントのプロフィールとか、さまざまな資料をつけて、スポンサーに提示するんです。ただ、営業局でも部署が分かれているので、すべてそういうセールスをしているわけではないですね」
斎藤さん「部署ごとに仕事がちがうんですか？」
営業局員「CMを流してスポンサーから広告収入をいただく点はいっしょです。ただ、スポンサーに番組そのものの提供に入ってもらうタイム部門、番組と番組のあいだの15秒のCMワクを買ってもらうスポット部門、一地方だけで流すCMワクを買ってもらうローカル部門があります。つまりスポット部門は番組を買ってもらうというより、完全にワクを買ってもらう形になりますね」
高橋くん「CMの効果にちがいとかあったりするんですか？」
営業局員「だいぶちがいます。タイム部門のスポンサーになってもらうと、たんに製品名だけでなく、その会社のイメージアップや会社名の浸透に役立ちます。つまり安定感をあたえるわけですね。一方、スポット広告は、こんな商品を出したから、とにかく売りたい、というときに効果があります。ローカル広告となると、もっとはっきりしていて、この

地域にだけ商品名を浸透させたい、というときに有効です」
斎藤さん「では、局の営業のみなさんが、いろいろな会社に行って、スポンサーになってください、とお願いするわけですね」
営業局員「そうとは限らないんですよ。だいたい私たち**営業局とスポンサーさんのあいだには広告代理店が入ることが多いんです**。彼らはいわば広告のプロで、企業とのパイプも太いし、どんな企業がどんなCMを流したがっているかといった情報も豊富にもっています。だから、営業が打ち合わせをする相手は代理店の方が多い」
高橋くん「じゃ、代理店の人たちにここに来てもらって、話し合ったりするんだ」
営業局員「いや、営業はもっぱら足を使って歩きまわるのが仕事ですからね。というより、ウチの場合、だいたい外まわり中心の部署と、デスクまわり中心の部署に分かれています。まさか、スポンサーさんをこちらに呼びつけるわけにはいかないし。外まわり組は、毎日、代理店やスポンサーをまわっています。スポンサーさんが何を求め、どんなCMを出したがっているかを、つねにわかっていなくてはなりませんから」
斎藤さん「結局、昼間は、局の中には、営業局の外勤担当の人はほとんど社内にいないわけですか？」

営業局員「そうですね。朝、一度出社して、メールのチェックをしたり、スポンサーさんや広告代理店にアポイント（面談の約束）をとったら、そのまま、前にとったアポイントにそって外へ人に会いに行きますね。**とにかく１日何社もスポンサーさんや代理店をまわります**」

高橋くん「内勤の人は、どんな仕事をしているんですか？」

営業局員「こちらもまた、けっこうたいへんです。大きな企業なら、あるスポンサー１社にいくつか広告代理店が入っているようなケースもあります。そういうときに、今回はこの代理店とやっていこう、と決めていったりしますし、時代の流れを読みつつ、スポンサー側に新しい広告の形を提案する企画書をつくったりもします。たとえば、携帯電話を中高年層にアピールするために、こんなCMスポットは売れないか、とか」

営業で「番組づくり」をすることも

斎藤さん「局のほかの部署の人たちとの交流はあるんですか？」

営業局員「番組をセールスしなきゃならないわけですから、自然に、番組をつくっている制作担当や、番組の時間ワクを決めている編成担当と

は話し合わないといけないことが多くなりますね。スポンサーさんからはこういう要望がきている、なんとかそれを叶えてもらえないか、とか。最終的に番組をつくるのは彼らなんで、こうしろ、とは言えませんが、お願いはいつもしています」

高橋くん「だったら、自分たちも番組をつくりたい、って思うときもあるんじゃないのかな？」

営業局員「そう、実際につくってしまうこともあります。たとえば、エコに関心の深い企業がいくつかあるとするでしょ。それならば、営業局が主体となってエコについての番組をつくって、そうした企業からスポットCMを買ってもらおう、とか。やはり、番組づくりでも、まずお金を集められるかどうかが大切です。その意味で、**営業はお金を集めるプロ**であり、自然に、番組づくりに関する発言力も大きくなっていかざるをえません」

高橋くん「番組づくりもできるのなら、やりたくなっちゃうな」

営業局員「ホント、営業というと、どうもただ番組を売って歩いてるだけ、と誤解されがちだけど、そのために自分たちも新しいアイデアを考えなくちゃいけない。すごくクリエイティブな仕事なの。まず世の中の流れをキャッチしていないといけないから。かつては清涼飲料やイン

視聴率が番組の商品価値

テレビマンがもっとも気にするものは視聴率だ。この数字によって、番組が存続したり打ち切りになったりするのだから、気にならないほうがおかしい。視聴率には、放送地区内の何％の世帯がテレビを見ているかの世帯視聴率と、ある特定の年齢や性別の人たちのうち何％がテレビを見ているかの個人視聴率がある。ただ、ふつうに視聴率という場合は、世帯視聴率をさしていると考えていい。

とくに民放では、この視聴率は大事な目安になる。民放の収入源がスポンサーからの広告料収入なので、より広告価値の高い、つまり視聴率のいい「商品＝番組」をつくらなくてはスポンサーが集まらないからだ。

これからも視聴率が大事なことに変わりはないだろう。

スタントラーメン、それに化粧品などの CM が多かったのが、今は携帯電話や家電の通販などが増えています。だったら、この業界に、こんな CM をつくってもらったらいいな、というところまで考えます」

斎藤さん「局で CM もつくるんですか？」

営業局員「それはだいたい広告代理店が担当しますね。彼らがスタッフを集めてつくるのが一般的です。代理店は CM についていえば、たん

CMをつくるのは広告代理店

なるアドバイザーではなく制作当事者なんですね」

高橋くん「CMを流す順番を決めるのも代理店ですか？」

営業局員「さすがにそこは局の営業の中に担当する人間がいて決めています。**CMのならべ方には、最低限のルールがあります**。たとえば同じ業種の会社のものは続けて流してはいけない、車のCMと前後して酒類CMはマズい、とか」

＊　＊　＊

続いて２人が訪れたのは事業局だ。ここも、一見すると、ふつうのオフィスと変わりはないのだが、コンサートや舞台やスポーツのイベントなどのポスターがところ狭しと貼ってある。

事業局員「ようこそ、事業局へ」

斎藤さん「あれ、テレビ局なのに、番組のポスターがなくて、イベントばっかりなんですね」

事業局員「はい。ここは事業局でもイベント事業部といって、局が関係するイベントを企画したり、開催したりする部署なの」

高橋くん「テレビ局なのにイベントもやるんですか？」

CMを流す順番は局が決める

事業局員「外国から有名なミュージシャンを呼んだり、スポーツ大会を開いたり、それに会社の社屋を使ったイベントを夏休みに開いたり、もちろん番組に関連したイベントも開いたり、合わせれば年間100以上のイベントをやってるの」

高橋くん「あ、フジテレビがやってた『お台場合衆国』みたいなのもそうか」

事業局員「ああ、昔は、どちらかといえば、番組の宣伝用にイベントをやっている、という面が大きかったけど、今はちがう。宣伝用イベントだけでなく、**みなさんに楽しんでもらえるイベントも独自に行っている**。ただ、テレビの中でイベントの広告を流してもらったり、協力はしてもらうけどね」

斎藤さん「イベントの企画は全部テレビ局が考えるんですか？」

事業局員「そうとは限らないな。企画から立ち上げるものもあれば、系列の地方局などの企画イベントに協力したり、もともとあったイベントの主催をそのまま引き受けるものもある」

高橋くん「イベントって、企画してから実際に開くまで、やることはいっぱいあるんですか？」

事業局員「いっぱいあるどころじゃない。100万人規模の観客が集まる

ビッグイベントから、数百人単位のごく小さいイベントまで含めて、どれもハンパじゃないくらいに時間と手間がかかる。まず、下見をして、どの会場でやるかを決定するでしょ。それから出演者を決めたり、音響、照明などのスタッフ手配でしょ。予算やスケジュール、内容を決めて構成台本もつくらなくてはいけないし、スポンサーがつくイベントについては営業担当ともちゃんと打ち合わせをしなくてはいけない。イベントが始まっても、必要な備品の手配やら弁当の手配やら、こまごました雑用も多い。イベントに関連したグッズ作りまでしているからね。のんびりしているヒマはまったくない」

高橋くん「**学校の文化祭を大きくしたようなもの**かな？」

事業局員「たしかにそうだね。ぼくらがやっているイベントと、キミらの文化祭とはけっこう似てるかもしれない。文化祭でも、みんなに集まってもらうために、来てよ、って声をかけるでしょ」

斎藤さん「はい。かけます」

事業局員「ぼくらも、一生懸命にPRの方法を考えたり、どうすればコンサートのチケットが売れるかを考えたり、イベント成功のために全力を尽くすんだ」

斎藤さん「なぜテレビ局がイベントもやるんですか？」

コラム　インターネットテレビはたった一人でも始められる

あるいは「放送局」という言葉の意味が根本的に変わるかもしれない。

そう思わせるのが、インターネットテレビ、ラジオの登場だろう。パソコンで見る環境さえ整っていれば、世界中のネット映像を気軽に見ることができるばかりでなく、自分たちが撮影した映像を流す側にもなれる。お金もほとんどかからない。

つまり、その気になれば、明日からでも自分ひとりで「放送局」をつくれるのだ。

もっとも、数多くの視聴者を集めるのは、テレビ局やラジオ局、それに制作会社などの「プロ」の番組だが、有料のサイトではなく、無料視聴が多い。

今後、たとえアマチュアの「放送局」でも、番組が話題になれば、スポンサーがつくことも増えていくかもしれない。

事業局員「当然、成功すれば局の収入アップにつながるし、イメージアップにもなる。現に、イベント収入は、今やテレビ局の大事な柱のひとつになってる。それと同時に、**文化的価値の高いイベントや、若い才能をバックアップするようなイベントを行うことで、テレビ局が社会的な責任を果たすという側面もある**」

高橋くん「事業局ではイベントしかやってないんですか？」

事業局員「他のことをやっているセクションもあるよ。たとえば映画事

若い才能をバックアップするイベントも

業部みたいに映画を専門にあつかっているところもある。行ってみたら」

スピンオフが映画づくりの決め手

映画事業部員「おふたりもよく知っていると思うけど、『崖の上のポニョ』とか『踊る大捜査線』とか、今、テレビ局が企画を出したり、お金を出したりしてつくっている映画はとても多いよね。それにかかわっているのが、この映画事業部」
斎藤さん「なぜテレビ局が映画づくりをやるようになったんですか？」
映画事業部員「最初は、映画づくりそのものに参加するよりも、まずお金だけを出していたの。テレビ局なら、だいたいどこも映画を放送するワクがあるでしょ。それが、ハリウッドの大作あたりだと放映する権利を買うととても高い。だったら、自分たちで映画づくりに協力して、放映権をもってしまってもいいじゃないか、となったわけ」
高橋くん「でも、映画にはテレビ局だけじゃなくて、いろんな会社がお金を出して協力しているみたいですよね」
映画事業部員「そう、**製作委員会っていって、映画のクレジットにもいくつもの会社の名前が出てくる**。それは映画製作には、最低でも数億単

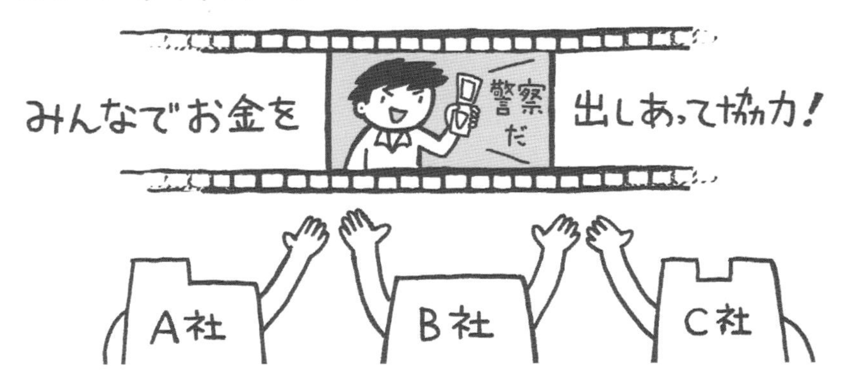

位のお金がかかるから、1社ではなくみんなで分け合ってお金を出し合いましょう、ってこと」

斎藤さん「今でも、お金を出しているだけなんですか？」

映画事業部員「いえ、途中から、企画も出すようになったし、ものによってはテレビ局自体が主体になって映画づくりをするようになってきたね」

斎藤さん「キッカケは何だったんですか？」

映画事業部員「細かく言うといろいろあったけど、やはりスピンオフ（派生的に生まれるもの）が成功したのがいちばん大きかったと思う。テレビ番組で成功したものを映画化したりするでしょ。それがほとんどヒットした。『踊る大捜査線』でも『相棒』でもみんなそうだよね。」

斎藤さん「この映画事業部だけで映画をつくってしまうんですか？」

映画事業部員「そこまでは無理。プロデューサーという形で、まずお金のことや、スタッフ、キャスト集めはします。それから映画の広告宣伝もします。実際に現場で映画づくりをしてもらうのは外部の監督さんやスタッフに任せるのがふつうだね。たまに、テレビ局の社員ディレクターが監督をやるケースもあるけど、画面の大きさもちがうし、やはり映画づくりのノウハウを知っている人たちにやってもらうことが多い。ただ

スピンオフ（テレビ番組から生まれた映画）

これからは、局のディレクターの、技術アップのためにも積極的に映画に取り組んでもらおうという意見もあるな」
高橋くん「テレビ局に入って映画も撮れるのって、すごいな」
映画事業部員「テレビ局には、もともと映画好きで、自分も映画を撮りたい人はいっぱいいるし、より映画のほうが自分がやりたいことをしやすいというメリットもある。千万人単位の人が見るテレビじゃこれはできないけど、映画ならOKってこともあるでしょ」

放送のこれからを担うデジタル事業部

同じ事業局の中に、デジタル事業部もあったので、のぞいてみた。
斎藤さん「ここで、地上デジタル化の準備をしているんですか？」
デジタル事業部員「準備ではないですよ。すでにデジタル放送は始まっているし、それを使ってどのように事業展開ができるかを考えたり、実行したりしているんです。たとえばあのワンセグも、じつは携帯端末向けの地上デジタル放送のことなんです。テレビ局がもってるデジタル放送用の電波のひとつを使って流してるんですよ。だから別に携帯電話に限ったことではないんです。ゲーム機器でも、ワン

セグでテレビを見ることができる」

高橋くん「今までテレビを見ていたように無料で見られるんですか？」

デジタル事業部員「テレビの電波を使っているので、基本的には無料です。ネットにつなぐとパケット料金が発生しますけど。私たちは、こうしたワンセグ機能で何ができるかを日々考えているわけです。ワンセグ独自の番組をつくる試みも行われています」

斎藤さん「ほかには、どんな試みをしているんですか？」

デジタル事業部員「たくさんあるけど、代表的な例といったら、パソコン向けの動画の配信サービスとかですね」

斎藤さん「有料ですか？」

デジタル事業部員「ウチは無料。最初、有料でやったらうまく会員が集まらなくて、だったら、スポンサーを付けて無料にしたほうがいいと考えたんです。コンテンツづくりでも、スポンサーの製品を使って、その良さを積極的に出す、といったような、より広告価値の高いものを中心にしてね。結果的にみると、そちらのほうがよかったのです」

高橋くん「テレビ局の将来を担っているわけか」

デジタル事業部員「まさに、どこに宝があるかわからない。責任重大ですよ」

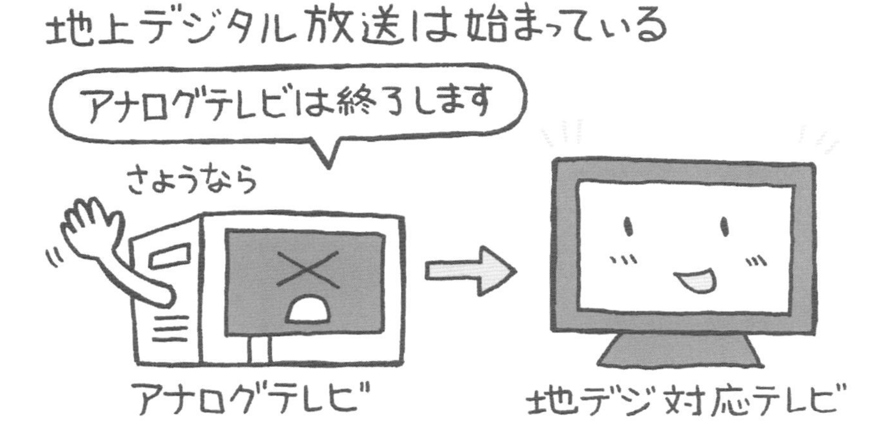

働いている人にInterview! 10

営業局員（テレビ埼玉）

番組をスポンサーに売るための交渉をし、ときにはCM制作やイベントの企画にもかかわる仕事。

中川亞美さん

テレビ埼玉（テレ玉）
営業局営業部

テレビ埼玉に入社後、番組制作の部署を経験してから営業担当に変わった。代理店や、スポンサーの地元企業をいそがしく動きまわる毎日だ。

営業局員ってどんな仕事？

基本的には、スポンサーに自社の番組を買ってもらうのが業務。局の営業担当が直接スポンサーになってくれる企業と会うほか、広告代理店を通すことも多い。営業担当者はスポンサー・代理店と交渉することが仕事になる。局制作のCMづくりに参加したり、スポンサーとのタイアップイベントを考えることもある。

頼れる存在・広告代理店との付き合い

東京にあるキー局と同じく、私たちも、広告代理店との打ち合わせがどうしても多くなりますね。今度、こんな新番組をつくるつもりなので、乗ってくれそうな企業にスポンサーをやっていただけないか、とか。代理店は情報をたくさんもっているので、私たちにはやはり頼りになる存在なのです。

代理店の担当者とは、電話だけではなく毎日会いに行っています。部員ごとに担当も決まっていて、私は3社とお付き合いをしています。代理店側も、それぞれにお得意先があるので、そのなかに、今度新製品を出して宣伝したがっていたり、社のイメージアップを考えていたり、スポンサーになっていただける可能性のある所は、目をつけているのです。

メールマガジンをつくって、「今、ウチではこんなキャンペーンをしています」と代理店各社に送ったりもします。

制作部とも話し合いは欠かせません。たとえばこの情報番組なら、こういうコーナーを入れてくれれば、スポンサーが増えるかもしれない、ということもあります。スポンサーについていただくかわりに、情報番組の番組中でも、その会社の製品を紹介する、というケースもあります。

もっとも、ただ番組をやみくもに売るだけではなく、工夫が必要です。

たとえば営業部がCM制作を担当して、その趣旨に賛同していただいた企業の方のご協力を仰ぐこともあります。「環境キャンペーン」の

CMで、地元のJリーガーに出演してもらい、バックアップ企業を探したこともあります。また不動産会社にスポンサーになっていただいて、「新居拝見」のような、CMとフィットする内容の番組を立ち上げることもあります。

地元まわりでスポンサー獲得

もちろんすべてを代理店任せにしているわけではありませんよ。せっかくテレビ埼玉と地元の名前を冠しているわけですから、地元まわりもします。そういうさいに、やはり強いのは高校野球やサッカー、ラグビーの地方予選なんですね。放送に乗る学校の近くの企業にうかがうと、「じゃCMを出そう」となったりするわけです。その学校の卒業生で会社を経営されている方や、ファンの方や、いろいろな方がバックアップしていますし、そこから知り合い関係が広がっていくこともあります。

ちょっとしたきっかけから話がまとまることもあります。

ウチの番組の出演者で、地元のあるお菓子メーカーの製品が大好物だった人がいたんです。それで、その人を通してお菓子メーカーの方と

地元企業や代理店をまわります

お会いするうちに、埼玉県内の子どもたちを取り上げる番組のスポンサーになっていただいたこともありました。

現場の制作担当の情報をもとに、スポンサーになっていただく企画が見つかるのも、しばしばです。今、話題になっている地元企画を、情報番組のほうで取材にうかがうとしますね。そのなかに、「テレ玉（テレビ埼玉）でCMをやってみようか」とおっしゃってくださる方もいるわけです。

ただスポンサーを獲得すればいい、というだけではありません。

スポンサーのみなさんに、予算の範囲内で、広告を出しただけのメリットがあった、と納得していただかないと話になりません。

日々、そのための「調整」がたいへんですね。どんなCMにするか、出演者はどうするか、どの時間帯に流していくか、お客さま側のご希望をお聞ききした上で、極力それにそってやっていきます。ただ、不況ですし、ご希望どおりやるのが予算的に厳しいことも少なくありません。もっともむずかしいのは、そこの「調整」です。

キー局も地方局も変わりません。今は、この部分がたいへんでしょう。

スポンサーに番組を企画書で説明

ただCMを流す時代ではない

不況で、CMを出したいけど出せない、という企業はたくさんあります。私も、半年以上のお付き合いで、ぜひ番組のスポンサーにもなりたい、と言っていただいていたところに、結局断られたこともありました。

やはりテレビの営業のむずかしさは、形のないものを売らなくてはいけないことでしょう。ふつうのメーカーの場合、コップなら「このコップはいいですよ」と実物を見せて売ります。ところが、テレビは、まだ形は何もないのです。「これからいっしょにやっていきましょう」と言いつつ、目に見えないものを売っていかなくてはいけないからこそ、お客さまに信頼していただくことが大切なのです。

お客さまとは、戦略も練ったうえで会わなくてはいけません。たとえば自動車関連会社に主婦向けの情報番組のスポンサーになっていただこうとしたら、「主婦が家計を握っています。ファミリーカーなら主婦の決断で買ってもらえます」と話すでしょう。

自社の番組がどれだけおもしろい、と強調しても、それだけではダメなのです。具体的に、どうお客さまの会社側にメリットがあるかを説明

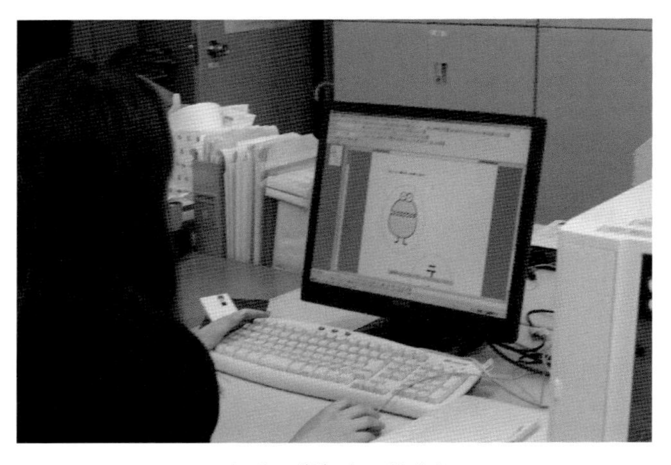

メールマガジンもつくります

できないと。

ただ、最近、仕事を通して痛感するのは、「もうテレビも、ただスポンサーをつけてCMを流すだけの時代ではないな」ということです。

ウェブ動画のように、視聴者であるはずの一般のみなさんが、逆に情報発信をできるようになっていますね。そんなときに、ただ、放送を流しますから広告をください、と言っているだけではダメなように思えるのです。

デジタル化の波の中で、電波をもっているのは、それほど特別なことではなくなっています、今後、どう生き残っていくのか、放送局はどこも真剣に考えているでしょうね。

営業局員のある1日

9時30分	メールチェックの後、さっそく確認事項があって広告代理店に電話。
10時	アポイントを入れて、午後に行く予定の代理店、お客さま向けの資料作成。企画書をそろえたり、資料用映像を集めたり、やることは多い。
13時	代理店に行く。CMについての打ち合わせなど。
14時	社にもどる。代理店や、CM制作会社、出演者の所属するプロダクション、スポンサー企業などに電話を入れ、つぎにつくるCMの予算、流す期間などの「調整」をする。合い間に食事。
16時	2社目の代理店に行く。そこでも、打ち合わせと情報収集。
17時	社にもどる。契約書や報告書づくりなど。部内、また制作担当も交えて、簡単なミーティングをやることもある。
19時	帰宅。遅いときには23時くらいになることも。

営業局員になるには

どんな学校に行けばいいの？

テレビ局に社員として入局するのだから、大学を出て入社試験に合格するのが必須。とくに資格を必要とする仕事ではなく、業務内容は他業種の営業担当とそれほど変わらないので、出身学部は問われない。かつては文系中心の職場だったが、パソコンに強く、資料づくりもお手のものの理系出身者も増えつつある。

どんなところで働くの？

自分の会社ではデスクワークや部内ミーティングなどをする。が、より重要なのが外まわり。たくさんの情報をもっている広告代理店だけでなく、スポンサーになっている企業などにもさりげなく顔を出したりする。

働いている人に Interview! 11

事業局員（文化放送）

番組を制作したり
関連のイベントを開催したり、
関連グッズを出したりする仕事。

門馬史織さん
文化放送
デジタル事業局

文化放送のデジタル事業局に在籍し、おもにデジタルラジオ『超! A&G+』で流す番組にかかわっている。番組制作を手がけるだけでなく、イベントを開催したり、グッズの企画を考えたりもする。

事業局員ってどんな仕事？

番組関連イベントやグッズの制作などを仕切るプロデュース役の部分が大きい。予算の見積もりや、イベントの出演者のブッキング、全体の構成など、あらゆる面について、中心になってプロジェクトを動かす。近年、夏のイベントなどを含(ふく)め、事業局が収益をあげて、放送局を支える重要な柱のひとつになっている。

ラジオの事業局は「なんでも屋」

私のやっている仕事は、ここからここまで、とはっきりは決まっていません。ほとんど「なんでも屋」に近いですね。

まず『超! A&G+』というデジタルラジオを1日20時間流しているのですが、ここはアニメとゲーム専門チャンネルで、私はおもに声優さんが出演している番組『超(ちょう)ラジ！』などにかかわっています。このデジタルラジオは、聴(き)くためにはパソコンにチューナーをつなぐか、チューナー搭載(とうさい)の携帯(けいたい)電話で聴(き)きます。ネットで同時配信もしていて、番組によっては動画も見られます。

番組の性質上、リスナーはほとんど若い方ですね。

私は、AMの放送も含(ふく)め、A&G（アニメ＆ゲーム）関連の番組にプロデューサー、もしくはディレクターとして関わっています。仕事内容は、ゲストブッキング、スケジュール調整、番組編集など、多岐(たき)にわたりますが、そのなかにはイベントの仕事もあります。

「東京国際(とうきょうこくさい)アニメフェア」にも文化放送はブースを出したのですが、その担当としても働きました。ステージ上から中継(ちゅうけい)を流すときの進行を決めたり、出演者を集めたり。テレビ局に比べてラジオは会社の規模が小さくて、ひとりの人間がひとつの仕事をやっていただけでは、とてもまわらないんですね。

番組関連グッズについては、たとえば、ある放送中の番組のグッズを作ろうと思ったら、どんなものにするかをスタッフで相談して決定します。それでデザイン会社にそのデザインの発注をしたり、グッズを実際に売る会社と共同でのプロジェクトにするか、別にスポンサーについてもらって制作費はそこから捻出するか、などを決めていきます。

デジタル事業局では携帯サイトも運営しています。番組のテーマソングを携帯着信メロディにしたりもしています。今後は、どれだけ多く、携帯サイトのコンテンツとして通用するものがつくれるかが大事になってくるでしょう。

スポンサーからタイアップ収益へ

イベントをやると、私も驚くくらいにリスナーの方が集まってくれます。『超ラジ！ Girls』という、女性の声優さん５人が日替わりでパーソナリティをつとめる番組があって、先日、その５人がそろう公開生放送があったんです。文化放送ビルの１階、「サテライトプラス」が会場でしたが、朝からファンがならんで、整理できないくらい人があふれました。

しかもみなさん、グッズもたくさん買ってくださるんです。

イベント会場に集まったリスナーと

ですから、私たちもグッズを開発するときには、そのパーソナリティのキャラクターに合わせたものを考えなくてはいけません。

たとえばAMのほうでも、『Dear Girl ～ Stories ～』という、女性にすごく人気のある男性声優２人が出演している番組があるんです。

当然、携帯(けいたい)ストラップやゲームソフトなどの関連グッズはだれでもが考えますよね。ところがさらに、この２人が、よく駄菓子(だがし)屋さんで売っている「ブラックサンダー」というチョコレート菓子(かし)が大好き、と放送でもしゃべったんです。それをリスナーが聞いて、お菓子(かし)のメーカーに連絡(れんらく)をとったのがきっかけになって「いっしょに組もう」ということになっていったんです。

それでできたのがブラックサンダーの姉妹品「Dear Girl サンダー」。パーソナリティやリスナーを巻きこんで、人気沸騰(ふっとう)中です。

ずっと放送局は、スポンサーからお金をいただいて放送を流してきましたよね。どうも、その流れがそろそろ変わりつつあるのかもしれない。こういうグッズのタイアップ収益などがもっと大きくなるんじゃないか、そんな予感がします。

番組関連グッズを企画します

リスナーといっしょにストーリーをつくる

この仕事をやってよかった、と感じるのは、小さいことを含めたら、たくさんあります。

番組でどんなゲームをやるか、ディレクターや放送作家と考えますよね。たとえば、シリトリをしながら、紙風船をバレーボールみたいに飛ばし合うゲームがおもしろいんじゃないか、とか。それで実際にやってみたら盛り上がって、出演者も「楽しかったね」と言ってくれたりすると、本当に嬉(うれ)しくなってしまいます。

ラジオは、少人数でつくっているのも、私にとっては魅力(みりょく)ですね。入社してすぐでも、やろうと思えばどんどん自分でできるんです。しかも、「今、これが流行っているからやってみよう」じゃなくて、自分がやりたい、と思っていたことをそのままやれる環境(かんきょう)があるんです。

リスナーさんといっしょに、ストーリーをつくっていける実感があるんです。私にとってラジオは生活の中で身近な存在だったし、そこから流れてくるパーソナリティの声に親しみをもっていました。だから、ラジオがすごくリスナーと近くて、連帯感をもちやすいメディアなのは肌(はだ)

デスクでスケジュール調整

で感じてもいました。

それを自分の仕事にできたのだから、毎日楽しいです。この仕事がどんな人に向いているかといえば、いろいろなことに興味をもって、しかも自分なりに楽しみを見つけだせる人がいいでしょうね。中高生なら、勉強や、部活や、いろいろあるでしょう。そのなかで、些細なことでも、「あー、これって楽しい」ということを見つけられる人。そういう人がつくれば、きっと番組もイベントも楽しくなるはずです。

事業局員のある1日

10 時	出社。さっそくメールチェック。
11 時	出演者のブッキングの電話をかけたり、デスクワーク。
12 時	担当している番組の編集。
14 時	昼食。
15 時	ディレクター、放送作家とその日のナマ番組の打ち合わせ。
16 時	使うCDを出すなど、番組用の資料をそろえる。
17 時	放送の準備。出演者と打ち合わせたり、台本をコピーしたり。
18 時	生放送開始。
21 時	放送終了。片づけ。今後の放送についての簡単な打ち合わせ。
22 時	退社。ただ、編集が終わっていなかったりすれば 24 時近くになることも。

事業局員になるには

どんな学校に行けばいいの？

特定のルートはない。大学を卒業し、放送局への入社試験にパスすればいい。もちろん入社後、事業局への配属を希望しても、それが実現するかどうかはわからない。学生時代、サークル活動の一環として、イベントを開いた経験があったほうがノウハウもわかって、即戦力として使われやすいかもしれない。

どんなところで働くの？

局でのミーティングやイベント会場での内容チェック、スタッフや関連会社との折衝など、気軽にあちこちを飛びまわれるフットワークのよさが求められる。デスクに座ったままではなかなか仕事にならない。

▶ 放送局にまつわるよもやま話

テレビ・ラジオショッピングは花盛り

最近、テレビを見ていてもすっかり増えているのがテレビショッピング。

かつては、昼間、それもドラマの再放送ワクなどに、短時間流れるのが通例だったが、近ごろはゴールデンタイムでもしばしば流れるだけでなく、地上波テレビでも、深夜には番組全体がテレビショッピング、といったものも目立ってきた。

ひとつは不況の影響があるだろう。番組制作のためのコストがかからず、スポンサー料が入るのだから、一石二鳥といえる。スポンサー側にとっても、無店舗の通販システムは、余分な経費がかからない。

ラジオショッピングも盛んで、番組のパーソナリティが商品を紹介すると、その人に対する信頼感もあって、売れ行きは好調とか。

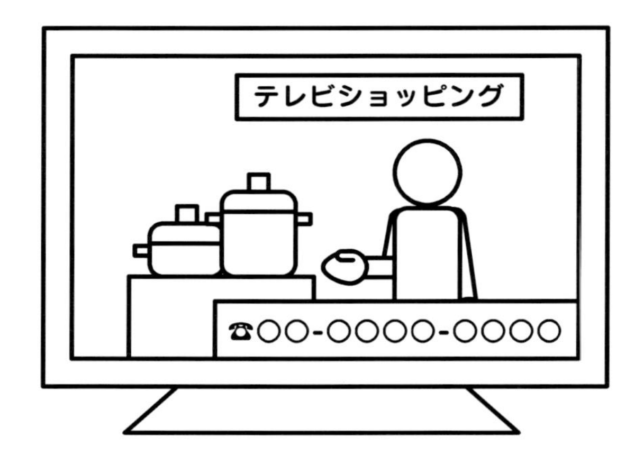

▶ 放送局にまつわるよもやま話

ケーブルテレビが強いアメリカ

アメリカは、日本とはテレビ事情がだいぶちがう。

たとえば3大ネットワークと呼ばれる主要放送局はほとんど番組制作を行わず、もっぱら制作会社に依存している。しかも、国内の多くの地域では、ケーブルテレビを介してでないと、番組そのものを視聴できなかった。テレビの電波がなかなか来ない地域に、村や町などがアンテナを立て、ケーブルで各家庭にテレビ映像を配信したことからはじまったこのシステム、アメリカのような広い国土にはうまくマッチした。

だが、衛星放送のスタートとともに、ケーブルテレビ局を経由せずに直接、家庭に番組を送りこむサービスも開始され、地上デジタル化も完了している。それでも、いまだにケーブルテレビは根強い人気を保っているという。

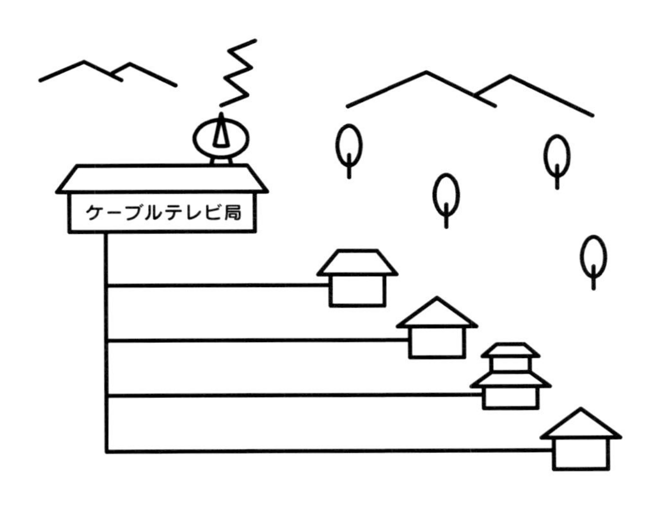

この本ができるまで
——あとがきに代えて

世の中は移り変わっています。

かつて、放送局といえば、まさに「時代の花形」。多くの人たちがそこで働くことを望む憧れの舞台でした。

しかし今、メディアは多様化しています。パソコンもあれば携帯電話もある。テレビ自体も、完全地デジ化を前にして、その姿を変化させざるをえない状況になっています。

正直なところ、果たして今のテレビが、さらにはラジオが10年後、20年後にどうなっているかは、まったく予想ができません。今でこそ、テレビはマスコミの中での最大のメディアですが、あるいはそれに代わる巨大メディアが誕生しているかもしれません。

とはいっても、結局、メディアとは、たんなる「器」に過ぎないのです。

その「器」の部分がどう変わろうとも、番組をつくっている人たち、そしてそれを支えている人たちの熱意があれば、見る人たちを感動させる番組、心から楽しませる番組は生まれていきます。

取材を通して、放送局には、本当にたくさんの、番組をつくることが好きで好きでたまらない人たちがいるのを痛感しました。

ひとつのニュース番組に100人以上の人たちが関わり、ドラマやバラエティでも、出演者以外にどれだけ多くの人たちが働いているかも知りました。加えて、営業局や事業局など、直接、番組づくりには関係しないものの、放送局にとってかけがえのない人たちがいるのも知りました。

たぶんこれからも、放送局は「夢」をつくる工場でありつづけるでしょう。ぜひ、多くの若いみなさんにも、その夢づくりの一員に加わってほしいと思います。

この本に協力してくれた人たち（50音順）

NHK

小林正和さん、清水貴雄さん、永谷幸代さん、
森内大輔さん、渡辺幹雄さん

TBSテレビ

川上慶子さん、長峰由紀さん

テレビ埼玉

中川亜美さん、林悠哉さん、平野正美さん

東京衣裳

杉山正英さん

文化放送

相田千冬さん、門馬史織さん

装幀：菊地信義

本文デザイン・イラスト：山本 州(raregraph)

[著者紹介]
山中伊知郎(やまなかいちろう)

1954年、東京都文京区に生まれる。1978年早稲田大学法学部卒業。テレビドラマの脚本やバラエティ番組の構成などを手がけた後、「週刊プレイボーイ」「週刊アサヒ芸能」などでコラムを連載。著書に『シナリオライター・放送作家になるには』『お笑いタレントになるには』『テレビ業界で働く』(ぺりかん社)、近著に『「お笑いタレント化」社会』(祥伝社新書)、『6万人の熱狂　浦和レッズサポーター群像』(KKベストセラーズ)『自分の技で生きる！職人になるガイド』(新講社)などがある。

しごと場見学！——放送局で働く人たち
[デジタルプリント版]

2010年10月10日　初版第1刷発行
2018年 1月31日　初版第1刷発行[デジタルプリント版]
2020年 7月10日　初版第4刷発行[デジタルプリント版]

著　者：山中伊知郎
発行者：廣嶋武人
発行所：株式会社ぺりかん社
〒113-0033　東京都文京区本郷1-28-36
TEL: 03-3814-8515(営業)　03-3814-8732(編集)
http://www.perikansha.co.jp/
印刷・製本所：大日本印刷株式会社

ISBN978-4-8315-1496-7
Printed in Japan